Cによる
数値計算法入門

第2版 新装版

堀之内總一・酒井幸吉・榎園 茂／共著

森北出版株式会社

●本書のサポート情報を当社Webサイトに掲載する場合があります.
下記のURLにアクセスし，サポートの案内をご覧ください.

https://www.morikita.co.jp/support/

●本書の内容に関するご質問は，森北出版 出版部「(書名を明記)」係宛
に書面にて，もしくは下記のe-mailアドレスまでお願いします．なお，
電話でのご質問には応じかねますので，あらかじめご了承ください.

editor@morikita.co.jp

●本書により得られた情報の使用から生じるいかなる損害についても，
当社および本書の著者は責任を負わないものとします.

■本書に記載している製品名，商標および登録商標は，各権利者に帰属
します.

■本書を無断で複写複製（電子化を含む）することは，著作権法上での
例外を除き，禁じられています．複写される場合は，そのつど事前に
(一社)出版者著作権管理機構（電話03-5244-5088，FAX03-5244-5089，
e-mail：info@jcopy.or.jp）の許諾を得てください．また本書を代行業者
等の第三者に依頼してスキャンやデジタル化することは，たとえ個人や
家庭内での利用であっても一切認められておりません.

第2版新装版まえがき

　本書が出版されて早や22年，第2版が出てからも13年が過ぎようとしている．この間，多くの高専で，あるいは大学や専門学校等で教科書や参考書として，ご使用いただいたこと，並びに講義担当の先生方からいくつかの要望を受け，あるいは誤謬などを指摘していただいたことに対し，心から感謝申し上げる．

　今回，森北出版(株)のお勧めにより，第2版の装いを新たにすることになった．新装版での特徴は次のとおりである．

(1)　書名の一部であった「ANSI」の部分を省略したが，最近ではこれを公にうたうことがなくなってきているためである．

(2)　学習者が読みやすいように，2色刷りにし，本のサイズも縦横を少し大きくした．

(3)　いままでは演習問題の解答は答えだけであったが，今回は学習者の独習を手助けするために，一部の問題について詳細解答をWebサイトで提供することにした．下記のページから利用していただきたい．
http://www.morikita.co.jp/books/mid/009383

(4)　掲載してあるC言語プログラムはすべて第2版と同様に，Webサイトからダウンロードして利用できる．詳細は第2版のまえがきを読んでいただきたい．今回，Windows 7上のCPad for Boland C++ Compiler Ver.2.31でコンパイル・実行して，正常に作動することを確認している．

　また，最後に，第2版新装版の機会を与えていただいた森北出版(株)社長　森北博巳氏，これをお勧めいただいた加藤義之氏，完成までお世話になった千先治樹氏に心より感謝の意を表したい．

2015年9月　　　　　　　　　　　　　　　　　　　　　　　　　　　著　者

第2版まえがき

　本書の旧版が出版されてから早や10年近く経過しようとしている．この間，パソコンを取り巻く環境は著しく変化し，コンピュータ言語も最近はC言語を教える学校が増えてきて，出版当時教えられていたBASICは，以前ほどあまり扱われなくなってきている．

今回，森北出版 (株) のお勧めにより，第 2 版を出すことになったのを機会に，旧版で追加・修正が望ましい事柄 (たとえば連立方程式が不定解をもつ場合の理論およびその応用等) を追加し，省略してもよいと思われる事柄 (たとえば非線形方程式のはさみうち法) は省き，また，旧版に掲載しているプログラムを C 言語によるものと取り替えることにした．

本文の差し替え・修正等は堀之内・酒井が行い，C 言語プログラムについては，新たに著者に加わった榎園がすべて作成した．

なお，数値計算のプログラムを学生に一つひとつ作成させるのは，授業時数や学生がパソコンに費やすことのできる時間の関係から，そう多くを期待できないのが実状である．

それで，指導者のほうでいくつかを取捨選択して，学生に全部または一部を作成させるというのが現実的であり，その他のプログラムは指導者が学生に与えて，パソコンで実行させ，学習した内容・アルゴリズムを理解させるようにしたほうがよいと思われる．

このようなことが可能なように，今回，本書に掲載するプログラムは，インターネットでダウンロードできるようにした．プログラムはあくまでも本書の内容を理解するための学習上最小限のものである．指導者の教育計画の中で，あるいは読者自らが，必要に応じて取り込んでいただき，十分活用されることを期待する．

なお，掲載している C 言語プログラムについては次のとおりである．

(1) 掲載している C 言語プログラムは，ANSI 規格に準拠して作成したものである．

(2) 掲載している C 言語プログラムは，本書の旧版に掲載していた BASIC プログラムの解法手順に可能な限り沿いながら C 言語プログラムに変換した．その際 C 言語プログラミングの中でもなるべく誤解を生じにくい表現を採用した．したがって C 言語の初歩を学習した人にとってもプログラミングの応用教材として役立つものと思われる．

(3) 本書の旧版に掲載していた BASIC プログラムで，計算結果をグラフ化して表示していたものについては，グラフ表示に必要な数値データを数表にして出力するようにプログラムを変更した．掲載しているグラフはこのようにして出力した数値データを，グラフ作成ツールとしてしばしば利用される GNUPLOT を使って描いたものである．

(4) 掲載している C 言語プログラムは Sun–Solaris 2.6 のプラットフォーム上で動く gcc (GNU C コンパイラ，version 2.8.1) でコンパイルして動作を確認したものである．

なお，掲載したプログラムは田原宏一郎君 (平成 5 年度鹿児島高専 5 年生) の卒業研

究「C 言語による数値解析プログラム作成の試み」の成果も一部参考にした．ここに記して謝意を表する．

最後に，第 2 版をお勧めいただいた森北出版 (株) 吉松啓視氏に心より感謝の意を表したい．

2002 年 9 月 　　　　　　　　　　　　　　　　　　　　　　　　　　　　　著　者

まえがき（第1版）

　本書は，これからコンピュータによる数値計算法を学ぼうとする大学生，高専生，専門学校生，あるいは実務に携わる技術者を対象とする「数値計算法」の入門的な教科書または参考書・自習書である．

　数値計算法の基礎知識を手短に会得したいという人々のために，主として，すでによく知られ広く利用されている種々の標準的な方法を平易に解説することを目的としている．

　数値計算法の学習に際しては，次の三つの視点

　・方法の (数学的) 正当性　　・アルゴリズムの確立　　・実際の計算作業

が必要である．執筆にあたってはこれらの調和に意を用い，理解しやすさを最優先に考え，次の方針のもとに編集した．

(1)　数値計算法の標準的な基礎事項について，その正当性をできるだけ簡潔に解説し，平易な例題を通して具体的に理解できるようにする．

(2)　各項目ごとに例題を付け，そのアルゴリズムと実際の計算作業が理解できるよう関数付き電卓による手計算の経過と結果について詳しく示す．

(3)　パソコンで実行できるよう BASIC の簡単なプログラムを付ける．

(4)　大学，高等専門学校，専門学校などでいろいろな使い方ができるようにする．

(5)　読者の予備知識としては，大学初年次あるいは高専で学ぶ微分積分学および線形代数学 (行列・行列式等) の基礎事項のみを前提にする．

　数値計算は本来コンピュータを使って行うのが前提であるが，初学者の場合は，自らの手と頭を働かせて，簡単な具体例をもとに，アルゴリズムを電卓でフォローしてみることがその計算のアルゴリズムを理解するうえで効果があると思う．アルゴリズムをよく理解したうえで，それをどのようにプログラミングすればよいか簡単なプログラムの例を通して学んでほしい．これが数値計算の基礎とそのプログラミング法を手っとり早く身につける方法であると思う．本書には，N88BASIC による必要最小限

の簡単なプログラムを掲載した．これによって，プログラミングの仕方を身につけるとともに，プログラムを実際にパソコンで実行して，数値計算法の威力を体験し，理解を深めてほしい．また，読者がいろいろと工夫して，さらによりよいプログラムに作り上げることを期待する．

習い事の上達のコツは，初めのうちは「まねる」ことにある．プログラミングの基本的なステートメントは「まね」をして覚え，それらを組み合わせて簡単なプログラムを作ってみるとよい．自分の指で打ち込んだプログラムがスムースに働いて，正しい答が表示されたときの喜びは，思わず快哉を叫びたくなるものである．

本書に掲載されているプログラムを実行する際には，入力データや関数定義の部分は読者において適宜変更してから実行するようにしていただきたい．

ここで，本書出版の経緯について述べておきたい．著者の一人堀之内總一は，鹿児島工業高等専門学校において応用数学の一項目として数値計算法を講義してきたが，本書は前記の方針にしたがってその講義ノートをもとに加筆再編し，大学，高専，専門学校などの数値計算法の教科書あるいは入門書としてまとめ直したものである．

全章を通じて堀之内が草稿を書いたが，これをもとに著者のもう一人酒井幸吉とともに全体的な観点からあるいは細部にわたって検討し，原稿を仕上げた．

この本を著すにあたって，多くの方々の本を参考にさせていただいた．心から謝意を表したい．また，浅学のゆえ多くの誤り，思い違いがあることを恐れる．お気づきの方からのご指摘，御叱責を心からお願いしたい．

最後に，本書の執筆にあたり，暖かい激励とご理解をいただいた鹿児島工業高等専門学校の校長 工学博士 碇 醇先生並びに諸先生方に深く感謝する次第である．

また，本書の出版の機会を与えていただいた森北出版株式会社社長 森北 肇氏，出版をすすめ完成まで終始お世話になった企画部の吉松啓視氏に心から感謝の意を表したい．

1993 年 1 月 　　　　　　　　　　　　　　　　　　　　　　　　　　著　者

目　次

第1章　方程式　　　1

1.1　2分法　2
1.2　ニュートン法　6
演習問題1　9

第2章　連立1次方程式　　　10

2.1　連立1次方程式の行列表示　10
2.2　上三角型連立1次方程式　12
2.3　ガウスの消去法　15
2.4　ガウス・ジョルダン法と逆行列　20
2.5　連立1次方程式の解の有無および形　23
2.6　簡単な線形計画法への応用　28
2.7　行列の LU 分解と連立1次方程式　31
演習問題2　40

第3章　補間法　　　43

3.1　ラグランジュの補間法　43
3.2　差商とニュートンの差商公式　48
3.3　差分と差分表　55
3.4　ニュートンの前進補間公式　57
演習問題3　59

第4章　曲線のあてはめ　　　61

4.1　スプライン関数　61
4.2　最小2乗法　70
演習問題4　80

第5章　チェビシェフ補間　　　82

5.1　チェビシェフ多項式　82
5.2　チェビシェフ多項式による近似　85
5.3　チェビシェフ補間　87
5.4　ルジャンドル多項式　90

演習問題 5　　93

第 6 章　数値積分　　94

6.1　台形公式　　94

6.2　シンプソンの公式　　97

6.3　ガウス型積分公式　　99

6.4　2 重指数関数型数値積分公式　　107

6.5　2 重積分　　113

演習問題 6　　118

第 7 章　微分方程式　　120

7.1　ルンゲ・クッタ法　　120

7.2　連立微分方程式と 2 階微分方程式　　127

演習問題 7　　129

第 8 章　偏微分方程式　　130

8.1　偏微分方程式とその分類　　130

8.2　偏導関数の差分による近似　　132

8.3　差分近似による数値解法　　133

演習問題 8　　148

第 9 章　固有値問題　　149

9.1　固有値と固有ベクトル　　149

9.2　べき乗法　　154

9.3　ヤコビ法　　160

演習問題 9　　169

演習問題解答　　171

参考文献　　177

付　録　　178

プログラム一覧　　178

記号一覧　　179

さくいん　　180

第 1 章 方程式

　理工学に関連する分野の学習研究において，いろいろな数値計算の問題に出会うが，その際，特に，方程式 $f(x) = 0$ の解を求めなければならないことがよく起こってくる．応用上の問題のときは，導かれた方程式から真の解を求めることは困難な場合が多い．実際の問題解決にあたっては解の近似値が得られればよいので，近似値を求める方法がいろいろ考えられている．

　ここでは，方程式の近似解法として使いやすい，2 分法およびニュートン法について簡単に述べる．

　まず，次の簡単な問題を考えてみよう．

【例題 1.1】 図 1.1 のような三つの球 O_1，O_2，O_3 があり，球 O_1 の半径は $1\,\mathrm{m}$，残りの二つの球の半径の和は $3\,\mathrm{m}$ である．球 O_3 の体積は球 O_1 の体積の 3 倍と球 O_2 の体積の 2 倍の和に等しいという．球 O_2 の半径を求める方程式を導け．

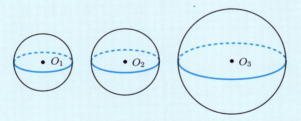

図 1.1

【解】 球 O_2 の半径を $x\,[\mathrm{m}]$ とする．題意より，
$$3 \cdot \frac{4}{3}\pi + 2 \cdot \frac{4}{3}\pi x^3 = \frac{4}{3}\pi (3-x)^3$$
となる．よって，
$$x^3 - 3x^2 + 9x - 8 = 0 \tag{1.1}$$
となる．

　この方程式は x の 3 次方程式だから，簡単には解けない．このような場合，与えられた方程式の近似解を求めることになる．

　一般に，方程式
$$f(x) = 0$$

の近似解を求める際の一つの原理は，次の連続関数の**中間値の定理**に根拠をおいている．

■ **ポイント 1.1　中間値の定理**

関数 $f(x)$ が閉区間 $[a, b]$ で連続で，$f(a)$ と $f(b)$ の値が異符号ならば，a と b の間のある点 c において，
$$f(c) = 0 \quad (a < c < b)$$
となる．

1.1　2分法

【例題 1.1】の方程式 (1.1) を例として，**2分法**について説明しよう．式 (1.1) の左辺を $f(x)$ とおく．
$$f(x) = x^3 - 3x^2 + 9x - 8$$

まず，$f(x)$ を正にする x の値と負にする x の値を見つける．たとえば，図 1.2 に示すように $f(1) = -1 < 0$，$f(2) = 6 > 0$ となり，中間値の定理により，区間 $[1, 2]$ 内に $f(x) = 0$ の解があることがわかる．この区間を第 1 回目の区間とよぼう．

次に，この区間の 2 等分点 1.5 をとり，$f(1.5)$ の値を計算する．
$$f(1.5) = 2.125 > 0$$
したがって，
$$f(1) < 0 \quad \text{かつ} \quad f(1.5) > 0$$
となり，解は区間 $[1, 1.5]$ 内にあることがわかる．これで解の存在する範囲が区間 $[1, 2]$

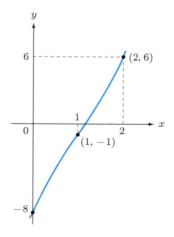

図 1.2

からその半分の区間 [1, 1.5] に縮小されたわけである．この区間を第 2 回目の区間とよぼう．

さらに，第 2 回目の区間の 2 等分点 1.25 をとり，$f(1.25)$ の値を計算する．$f(1.25) = 0.51 \cdots > 0$．したがって，区間はさらに半分に縮小されて，解は区間 [1, 1.25] 内にあることがわかる．これを第 3 回目の区間とよぼう．

以下，同様に区間の 2 等分点をとり，そこでの関数の値を計算し，2 等分点で分けられた二つの区間のうち，区間の両端で $f(x)$ の値が異符号になるほうの区間をとっていく．

$$
\begin{aligned}
f(1.125) &= -0.24\cdots && < 0, && \text{第 4 回目}: && [1.125, && 1.25] \\
f(1.1875) &= 0.13\cdots && > 0, && \text{第 5 回目}: && [1.125, && 1.1875] \\
f(1.15625) &= -0.05\cdots && < 0, && \text{第 6 回目}: && [1.15625, && 1.1875] \\
f(1.171875) &= 0.03\cdots && > 0, && \text{第 7 回目}: && [1.15625, && 1.171875] \\
f(1.164063) &= -0.01\cdots && < 0, && \text{第 8 回目}: && [1.164063, && 1.171875] \\
f(1.167969) &= 0.01\cdots && > 0, && \text{第 9 回目}: && [1.164063, && 1.167969] \\
f(1.166016) &= 0.0006\cdots && > 0, && \text{第 10 回目}: && [1.164063, && 1.166016] \\
f(1.165040) &= -0.005\cdots && < 0, && \text{第 11 回目}: && [1.165040, && 1.166016] \\
f(1.165528) &= -0.002\cdots && < 0, && \text{第 12 回目}: && [1.165528, && 1.166016] \\
f(1.165772) &= -0.0008\cdots && < 0, && \text{第 13 回目}: && [1.165772, && 1.166016] \\
f(1.165894) &= -0.00007 && < 0, && \text{第 14 回目}: && [1.165894, && 1.166016] \\
f(1.165955) &= 0.0003\cdots && > 0, && \text{第 15 回目}: && [1.165894, && 1.165955]
\end{aligned}
$$

以上より，第 8 回目までは $x = 1.16\cdots$ なのか，$x = 1.17\cdots$ なのか不明であるが，第 9 回目の結果から，$x = 1.16$ までは正しいことがわかる．もし，x の値を mm の精度で求めるのであれば，第 15 回目の結果から，$x = 1.165$ までは正しいことがわかるが，その次の位を四捨五入して $x = 1.166$ とするのがよいであろう．これより，球 O_2 の半径は約 $1\,\mathrm{m}\,16\,\mathrm{cm}\,6\,\mathrm{mm}$ となる．

上の 2 分法を一般的に述べれば，次のようになる．与えられた方程式を $f(x) = 0$，$f(x)$ は連続関数とする．

まず，解のおおよその値を何らかの方法で見当をつける．それがわかったら，その近くで $f(x)$ の値が異符号になる二つの点を見つける．それを $a_1, b_1, (a_1 < b_1)$ としよう．中間値の定理より，区間 $[a_1, b_1]$ 内に少なくとも一つの解がある．

次に，a_1，b_1 の 2 等分点を c_1 とする．$f(c_1)$ の値を計算し，その符号を調べる．もし，運よく $f(c_1) = 0$ ならば，c_1 が求める解 (の一つ) である．$f(c_1) \neq 0$ ならば，図 1.3 に示すように，区間 $[a_1, c_1]$ と $[c_1, b_1]$ のどちらかの中に解は (少なくとも一つ)

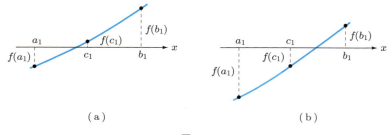

図 1.3

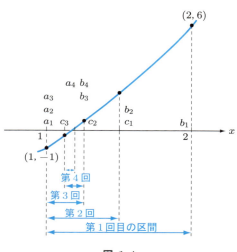

図 1.4

ある．

　$f(a_1)$ と $f(c_1)$ が異符号ならば，区間 $[a_1, c_1]$ の中にあるといえるから，第 2 回目の区間として区間 $[a_1, c_1]$ をとる (図 1.3(a))．一方，$f(a_1)$ と $f(c_1)$ が同符号ならば，$f(c_1)$ と $f(b_1)$ が異符号になるから区間 $[c_1, b_1]$ の中に解があるといえる (図 1.3(b))．第 2 回目の区間として区間 $[c_1, b_1]$ をとる．いずれにしろ，この第 2 回目の区間を改めて $[a_2, b_2]$ で表そう．

　さらに，区間 $[a_2, b_2]$ について，上と同様なことを行い，第 3 回目の区間 $[a_3, b_3]$ を定める (図 1.4)．以下，同様にこのような操作を反復していくと，何回目かには区間の両端の値が上位のほうから何桁か一致するようになってくるので，必要な精度を満たすようになったとき，反復を止める．そのとき解の近似値として，区間の両端の値の一致している部分を採用すればよい．

　この 2 分法の手順をプログラム 1.1 としてあげておこう．

1.1　2分法　■　5

プログラム 1.1

```c
/**************************************************/
/*        2分法のプログラム        nibun.c        */
/**************************************************/
#include <stdio.h>
/*** 関数の定義 ***/
#define FNF(x)   (x*x*x - 3*x*x + 9*x - 8)
int main(void)
{   double a, b, c;
    int    k;
    char   z, zz;
    while( 1 ) {
        printf("f(a)*f(b)<0となる a , b を");
        printf("入力してください. \n\n");
        printf("第1区間 [a,b] の a=");
        scanf("%lf%c",&a,&zz);
        printf("第1区間 [a,b] の b=");
        scanf("%lf%c",&b,&zz);
        printf("\n正しく入力しましたか？(y/n)");
        scanf("%c%c",&z,&zz);
        if(z == 'n')   continue;
        if((z == 'y')&&(a < b)&&(FNF(a) * FNF(b) < 0))
                                     break;
        else {
            printf("\na>b か f(a)*f(b)>=0 になります. \n");
            printf("データを入れ直してください. \n");
            printf("エンターキーを押してください. \n");
            scanf("%c",&z);   continue;
        }
    }
    k = 0;
    printf("回数   左端A   右端B 区間幅B-A\n");
    /*** 収束するまで繰り返す ***/
    while( b - a >= 0.000001 ) {
        k = k + 1;
        printf("%4d %8.5lf %8.5lf %8.5lf\n",k,a,b,b-a);
        /* 点 a,b の中点を求め, a,b の座標を更新する */
        c = ( a + b ) / 2.0;
        if( FNF(a) * FNF(c) > 0 )   a = c;
        else                b = c;
        if((k % 10) == 0) {
            printf("\n計算過程を表示しています. \n");
            printf("表示を継続しますか？(y/n): ");
            scanf("%c%c",&z,&zz);
            if(z == 'n') {
                printf("\n表示を終わります. \n");  break;
            } else  if(z == 'y')
                printf("回数   左端A   右端B 区間幅B-A\n");
                    else  { z = 'n';  break; }
```

```
49              }
50          }
51          if(z != 'n') {
52              printf("\n %3d 回目で収束しました．\n",k);
53              printf("\n収束値 = %10.6lf\n", (a+b)/2.0);
54          }
55          return 0;
56      }
```

1.2 ニュートン法

方程式 (1.1) を例にとってニュートン法を説明しよう．
$$x^3 - 3x^2 + 9x - 8 = 0 \qquad\qquad (1.1\text{再掲})$$
左辺を $f(x)$ とおく．前節と同様に，まず区間 $[1, 2]$ を考えよう．
$$f'(x) = 3x^2 - 6x + 9 = 3(x-1)^2 + 6, \qquad f''(x) = 6x - 6$$
となるから，開区間 $(1, 2)$ でつねに $f'(x) > 0$，$f''(x) > 0$ である．したがって，$y = f(x)$ のグラフは区間 $[1, 2]$ でつねに増加し，かつ，下に凸である．$y = f(x)$ のグラフの概形は図 1.5 のようになる．

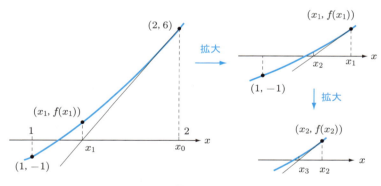

図 1.5

そこで，図のように点 $(2, 6)$ において曲線に接線を引き，x 軸との交点を求める．その交点を x_1 とする．x_1 を解の第 1 近似値とする．

次に，点 $(x_1, f(x_1))$ において再び接線を引き，x 軸との交点を求める．その交点を x_2 とする．さらに，点 $(x_2, f(x_2))$ において接線を引き，x 軸との交点を求め x_3 とする．

以下，同様にこの操作を反復する．このようにして得られた数列
$$x_1, x_2, x_3, \cdots, x_n, \cdots$$

は求める解に収束していく．このことは図 1.5 からも読み取れる．

実際に，$x_1, x_2, x_3, \cdots$ を求めるには，接線と x 軸との交点を表す式を作っておくとよい．

一般に，曲線 $y = f(x)$ 上の点 $(a, f(a))$ における接線の方程式は
$$y - f(a) = f'(a)(x - a)$$
であり，x 軸との交点は，$x = a - \dfrac{f(a)}{f'(a)}$ である．

したがって，出発点 (最初に接線を引く点) の x の値を x_0 とすれば，
$$x_1 = x_0 - \frac{f(x_0)}{f'(x_0)}, \qquad x_2 = x_1 - \frac{f(x_1)}{f'(x_1)}, \cdots$$
となる．一般に，$x_{n+1}(n \geqq 0)$ は，次の漸化式によって定まる．
$$x_{n+1} = x_n - \frac{f(x_n)}{f'(x_n)}, \quad \text{(ニュートン法の漸化式)} \tag{1.2}$$
この漸化式 (1.2) を用いて，【例題 1.1】の方程式 (1.1) の解を求めよう．

$f'(x) = 3x^2 - 6x + 9$ だから，漸化式は次のようになる．
$$x_{n+1} = x_n - \frac{x_n{}^3 - 3x_n{}^2 + 9x_n - 8}{3x_n{}^2 - 6x_n + 9}$$
これより，$x_0 = 2$ から始めると，
$$x_1 = 2 - \frac{2^3 - 3 \cdot 2^2 + 9 \cdot 2 - 8}{3 \cdot 2^2 - 6 \cdot 2 + 9} = 1.333333\cdots,$$
$$x_2 = 1.333333 - \frac{1.333333^3 - 3 \cdot 1.333333^2 + 9 \cdot 1.333333 - 8}{3 \cdot 1.333333^2 - 6 \cdot 1.333333 + 9}$$
$$\quad = 1.1695906\cdots,$$
$$x_3 = 1.1695906 - \frac{1.1695906^3 - 3 \cdot 1.1695906^2 + 9 \cdot 1.1695906 - 8}{3 \cdot 1.1695906^2 - 6 \cdot 1.1695906 + 9}$$
$$\quad = 1.1659067\cdots,$$
$$x_4 = 1.1659067 - \frac{1.1659067^3 - 3 \cdot 1.1659067^2 + 9 \cdot 1.1659067 - 8}{3 \cdot 1.1659067^2 - 6 \cdot 1.1659067 + 9}$$
$$\quad = 1.165905\cdots,$$
となり，$x = 1.1659$ までは正しいことがうかがえる．もし，x の値を mm の精度で求めるのであれば，$x = 1.166\,\mathrm{m} = 1\,\mathrm{m}\,16\,\mathrm{cm}\,6\,\mathrm{mm}$ が得られる．

ニュートン法について，少し詳しく述べておこう．

与えられた方程式を $f(x) = 0$ とする．ここで，$f(x)$ は区間 $[a, b]$ で 2 回まで微分可能な関数とする．次の表 1.1 に示す条件に従って反復の出発点を決め，点列 $\{x_n\}$ を

8 ■ 第 1 章 方程式

先の漸化式 (1.2) で作れば，この数列は開区間 (a, b) 内の唯一の解に収束する．なお，$f(a) > 0$, $f(b) < 0$ のときは，方程式 $f(x) = 0$ の両辺を -1 倍して $-f(x) = 0$ とし，$-f(x)$ について考えれば，表 1.1 のいずれかの場合に帰着される．この手順をプログラム 1.2 にあげる．

表 1.1 ニュートン法の出発点

$f(x)$ の条件	反復の出発点
$f(a) < 0, f(b) > 0$，かつ，開区間 (a, b) でつねに $f'(x) > 0, f''(x) > 0$	$x = b$ から始める
$f(a) < 0, f(b) > 0$，かつ，開区間 (a, b) でつねに $f'(x) > 0, f''(x) < 0$	$x = a$ から始める

プログラム 1.2

```
1  /***********************************************/
2  /*        ニュートン法のプログラム       newton.c      */
3  /***********************************************/
4  #include <stdio.h>
5  #include <math.h>
6  /***  関数f(x)とf'(x)の定義 ***/
7  #define  FNF(x)   (x*x*x - 3*x*x + 9*x - 8)
8  #define  FNG(x)   (3*x*x - 6*x + 9)
9  int main(void)
10 {  /** x:第1次近似値，xn:漸化式による計算値 **/
11     double  x, xn;
12     int     k;
13     char    z, zz;
14     printf("関数FNF(x) = x^3 - 3*x^2 + 9*x - 8\n");
15     printf("の根をニュートン法で求めます．\n\n");
16     printf("第1近似値を入力してください ");
17     scanf("%lf%c",&x,&zz);
18     k = 1;
19     printf("回数    近似値   前の近似値との差\n");
20     printf("   1 %10.6lf\n",x);
21     while( 1 ) {
22         k = k + 1;
23         /***  漸化式による計算 ***/
```

```
24          xn = x - FNF(x) / FNG(x);
25          printf("%4d %10.6lf    %10.6lf\n",k, xn, xn-x);
26          if(fabs(xn - x) < 0.000001)   break;
27          x = xn;
28          if(k % 10 != 0)   continue;
29          printf("\n計算過程を表示しています．\n");
30          printf("\n表示を継続しますか？ (y/n): ");
31          scanf("%c%c",&z,&zz);
32          if(z == 'n') {
33              printf("\n表示を終わります．\n");  break;
34          }else  if(z == 'y')
35              printf("回数    近似値  前の近似値との差\n");
36                  else { z='n';  break;  }
37      }
38      if(z != 'n') {
39          printf("\n %3d 回目で収束しました．\n",k);
40          printf("\n収束値= %10.6lf\n",xn);
41      }
42      return 0;
43  }
```

▶▶▶ **演習問題 1**

1.1　次の方程式を 2 分法およびニュートン法で解け．

(1)　$x^4 - 3x + 1 = 0$　　(2)　$\cos x - x = 0$　　(3)　$e^x = \dfrac{1}{x}$

1.2　二つの曲線 $y = 2 - x^2$ と $y = e^x$ の交点の x 座標を求めよ．

1.3　二つの曲線 $y = x^2$，$y = \sqrt{x}$ が，直線 $x = a$ と交わる点をそれぞれ P，Q とする．P，Q 間の距離が 1 になる a の値を求めよ．

1.4　半径 50 cm の半球面を，半径 40 cm，高さ 40 cm の円柱状の筒に乗せて，半球の切り口が水平になるように接続してできた杯状の容器がある．これに 80000π [cm^3] の水を注ぎ込むと，水面は容器のどの高さまで上がってくるか．ただし，半球面が円柱面の内部にくい込む部分は取り除いてある．

1.5　正弦曲線 $y = \sin x (0 \leqq x \leqq \pi)$ と x 軸で囲まれた部分の面積を，原点を通る直線で二等分したい．直線と正弦曲線の交点の x 座標を t として，t に関する方程式を作り，t を求めよ．

第2章 連立1次方程式

数学や工学などの問題を解析していくと，いくつかの数値計算をすることが必要になってくる．その数値計算は，最終的には連立1次方程式を解くことに帰着されることが多い．

この章では連立1次方程式の数値解法について，その代表的なガウスの消去法，ガウス・ジョルダン法，LU 分解による解法および逆行列について述べる．

また，連立方程式が解をもたない場合や解が不定となる場合についても考える．

2.1 連立1次方程式の行列表示

次の連立1次方程式を考えよう．

$$
\begin{cases}
\quad\quad\ y + 2z - \ u = \ \ 3 \\
2x + \ \ y + 3z + 4u = \ \ 1 \\
-4x + 2y \quad\quad + 6u = -2 \\
3x \quad\quad - 5z + \ u = -3
\end{cases}
$$

第1式の左辺 $y + 2z - u$ は，x, y, z, u の係数からなる行ベクトル $[0,\ 1,\ 2,\ -1]$

と，x, y, z, u からなる列ベクトル $\begin{bmatrix} x \\ y \\ z \\ u \end{bmatrix}$ の積で表される．すなわち，

$$
y + 2z - u = \begin{bmatrix} 0 & 1 & 2 & -1 \end{bmatrix} \begin{bmatrix} x \\ y \\ z \\ u \end{bmatrix}
$$

となる．第2式，第3式，第4式についても同様なことがいえるので，上の連立方程式は行列の積を用いて，次のように書き表すことができる．

$$
\begin{bmatrix} 0 & 1 & 2 & -1 \\ 2 & 1 & 3 & 4 \\ -4 & 2 & 0 & 6 \\ 3 & 0 & -5 & 1 \end{bmatrix} \begin{bmatrix} x \\ y \\ z \\ u \end{bmatrix} = \begin{bmatrix} 3 \\ 1 \\ -2 \\ -3 \end{bmatrix}
$$

いま，

$$
A = \begin{bmatrix} 0 & 1 & 2 & -1 \\ 2 & 1 & 3 & 4 \\ -4 & 2 & 0 & 6 \\ 3 & 0 & -5 & 1 \end{bmatrix}, \quad \boldsymbol{x} = \begin{bmatrix} x \\ y \\ z \\ u \end{bmatrix}, \quad \boldsymbol{b} = \begin{bmatrix} 3 \\ 1 \\ -2 \\ -3 \end{bmatrix}
$$

とおけば，上の連立方程式は

$$Ax = b$$

と簡潔に表される．

このことは，一般の連立 1 次方程式についてもいえる．すなわち，$x_1, x_2, \cdots, x_n$ を未知数とする n 個の等式からなる n 元連立 1 次方程式は，一般に次の形をしている．

$$
\begin{cases}
a_{11}x_1 + a_{12}x_2 + \cdots + a_{1n}x_n = b_1 \\
a_{21}x_1 + a_{22}x_2 + \cdots + a_{2n}x_n = b_2 \\
\qquad\qquad\qquad \vdots \\
a_{n1}x_1 + a_{n2}x_2 + \cdots + a_{nn}x_n = b_n
\end{cases}
\tag{2.1}
$$

これを行列の記法で書き表すと，次のようになる．

$$
\begin{bmatrix} a_{11} & a_{12} & \cdots & a_{1n} \\ a_{21} & a_{22} & \cdots & a_{2n} \\ \vdots & \vdots & \ddots & \vdots \\ a_{n1} & a_{n2} & \cdots & a_{nn} \end{bmatrix}
\begin{bmatrix} x_1 \\ x_2 \\ \vdots \\ x_n \end{bmatrix}
=
\begin{bmatrix} b_1 \\ b_2 \\ \vdots \\ b_n \end{bmatrix}
\tag{2.2}
$$

ここで，

$$
A = \begin{bmatrix} a_{11} & a_{12} & \cdots & a_{1n} \\ a_{21} & a_{22} & \cdots & a_{2n} \\ \vdots & \vdots & \ddots & \vdots \\ a_{n1} & a_{n2} & \cdots & a_{nn} \end{bmatrix}, \quad \boldsymbol{x} = \begin{bmatrix} x_1 \\ x_2 \\ \vdots \\ x_n \end{bmatrix}, \quad \boldsymbol{b} = \begin{bmatrix} b_1 \\ b_2 \\ \vdots \\ b_n \end{bmatrix}
$$

とおくと，式 (2.2) は非常に簡潔に，

$$Ax = b \tag{2.3}$$

と表される．A を **係数行列** という．また，A と $\boldsymbol{b}$ を並べてできる行列

$$
\begin{bmatrix} a_{11} & a_{12} & \cdots & a_{1n} & b_1 \\ a_{21} & a_{22} & \cdots & a_{2n} & b_2 \\ \vdots & \vdots & \ddots & \vdots & \vdots \\ a_{n1} & a_{n2} & \cdots & a_{nn} & b_n \end{bmatrix}
$$

12 ■ 第 2 章 連立 1 次方程式

を拡大係数行列といい，$[\ A \ \ \boldsymbol{b} \ ]$ で表す．式 (2.2) や式 (2.3) を，連立方程式 (2.1) の行列表示という．

なお，$\boldsymbol{x}$ や $\boldsymbol{b}$ を成分で縦長に表すとスペースをとるので，転置行列の記法を用いて，$\boldsymbol{x} = {}^t[x_1, \ x_2, \ \cdots, \ x_n]$，$\boldsymbol{b} = {}^t[b_1, \ b_2, \ \cdots, \ b_n]$ のように横長に書くことがある．以後，スペース節約のためにこの記法もよく用いる．

2.2 　上三角型連立 1 次方程式

次の連立 1 次方程式を考えよう．

$$\begin{cases} 2x - \ y \quad\quad\ - 3u = \ \ 1 \\ \quad\quad 2y + 3z + 7u = \ \ 0 \\ \quad\quad\quad\quad\ z - 9u = \ \ 6 \\ \quad\quad\quad\quad\quad\quad 5u = -3 \end{cases}$$

このような形の連立方程式は，次のようにきわめて容易に解くことができる．まず，係数行列の対角成分を 1 にするために，第 1 式は x の係数 2 で，第 2 式は y の係数 2 で，第 3 式は z の係数が 1 だからそのまま，第 4 式は u の係数 5 でそれぞれ両辺を割る．すると，次のようになる．

$$\begin{cases} x - 0.5y \quad\quad\ - 1.5u = \ \ 0.5 \\ \quad\quad y + 1.5z + 3.5u = \ \ 0 \\ \quad\quad\quad\quad\ z - \ \ 9u = \ \ 6 \\ \quad\quad\quad\quad\quad\quad u = -0.6 \end{cases}$$

第 4 式より $u = -0.6$，これを第 3 式に代入して $z = 0.6$，これら u, z の値を第 2 式に代入して $y = 1.2$，最後にこれら u, z, y の値を第 1 式に代入して，$x = 0.2$ が得られる．

最初の連立方程式を行列表示すると，

$$\begin{bmatrix} 2 & -1 & 0 & -3 \\ 0 & 2 & 3 & 7 \\ 0 & 0 & 1 & -9 \\ 0 & 0 & 0 & 5 \end{bmatrix} \begin{bmatrix} x \\ y \\ z \\ u \end{bmatrix} = \begin{bmatrix} 1 \\ 0 \\ 6 \\ -3 \end{bmatrix}$$

と書き表される．この係数行列は，対角成分より下の成分がすべて 0 という特殊な形をしている．このような行列を上三角行列といい，これを係数にもつ連立方程式を上三角型連立 1 次方程式とよぶことにする．同様に，下三角型連立 1 次方程式も考えられる．

上の例で示したような解き方は，一般の上(下)三角型連立1次方程式についても同様に行うことができる．

係数行列 A の主対角成分(以下，対角成分と略称)がすべて1で，それより下の成分がすべて0であるような上三角型連立1次方程式

$$
\begin{bmatrix}
1 & a_{12} & a_{13} & \cdots & & \cdots & a_{1n} \\
0 & 1 & a_{23} & \cdots & & \cdots & a_{2n} \\
\vdots & \vdots & \ddots & \ddots & & & \vdots \\
0 & 0 & 0 & 1 & a_{n-2,n-1} & a_{n-2,n} \\
0 & 0 & 0 & 0 & 1 & a_{n-1,n} \\
0 & 0 & 0 & 0 & 0 & 1
\end{bmatrix}
\begin{bmatrix}
x_1 \\ x_2 \\ \vdots \\ x_{n-2} \\ x_{n-1} \\ x_n
\end{bmatrix}
=
\begin{bmatrix}
b_1 \\ b_2 \\ \vdots \\ b_{n-2} \\ b_{n-1} \\ b_n
\end{bmatrix}
$$

について考えよう．これを通常の連立方程式の形に書けば，次のようになる．

$$
\begin{cases}
x_1 + a_{12}x_2 + a_{13}x_3 + \cdots \quad\quad\quad \cdots + \quad a_{1n}x_n = b_1 \\
\quad\quad x_2 + a_{23}x_3 + \cdots \quad\quad\quad \cdots + \quad a_{2n}x_n = b_2 \\
\quad\quad\quad\quad\quad\quad\quad\quad\quad\quad \vdots \quad\quad\quad\quad \vdots \\
\quad\quad\quad\quad x_{n-2} + a_{n-2,n-1}x_{n-1} + a_{n-2,n}\,x_n = b_{n-2} \\
\quad\quad\quad\quad\quad\quad\quad\quad\quad x_{n-1} + a_{n-1,n}\,x_n = b_{n-1} \\
\quad\quad\quad\quad\quad\quad\quad\quad\quad\quad\quad\quad x_n = b_n
\end{cases}
\tag{2.4}
$$

式 (2.4) の第 n 式から，$x_n = b_n$ であり，これを第 $n-1$ 式に代入すれば，

$$
x_{n-1} = b_{n-1} - a_{n-1,n}\,x_n = b_{n-1} - \sum_{k=n}^{n} a_{n-1,k}\,x_k
$$

となる．さらに，これらを第 $n-2$ 式に代入して，次のようになる．

$$
x_{n-2} = b_{n-2} - a_{n-2,n-1}\,x_{n-1} - a_{n-2,n}\,x_n
$$

$$
= b_{n-2} - \sum_{k=n-1}^{n} a_{n-2,k}\,x_k
$$

同様に，順次一つ上の等式に代入することにより，$x_{n-3}, x_{n-4}, \cdots, x_1$ が得られる．すなわち，まず $x_n = b_n$ がわかり，一般に，$x_n, x_{n-1}, \cdots, x_{n-j+1}$ が求められれば，x_{n-j} は

$$
x_{n-j} = b_{n-j} - \sum_{k=n-j+1}^{n} a_{n-j,k}\,x_k, \quad (j = 1, 2, \cdots, n-1)
\tag{2.5}
$$

で表される．この手続きを逆進代入という．

次に，上三角型連立1次方程式の解法をプログラム2.1としてあげておこう．

14 ■ 第 2 章 連立 1 次方程式

プログラム 2.1

```c
/**************************************************/
/*        上三角型の連立方程式の解法        ue3kaku.c        */
/**************************************************/
#include <stdio.h>
#include <math.h>
#define      N        8
int main(void)
{    int      k, j, n;
     char     z, zz;
     static double  p, s, a[N][N+1], x[N];
     /*** a[N][N+1]: 拡大係数行列, x[N]: 解 ***/
     while ( 1 ) {
         printf("上三角型の連立方程式の解法 \n");
         printf("未知数の個数 n を");
         printf("入力してください. (1<n<7) n=");
         scanf("%d%c",&n,&zz);
         if((n <= 1) || (7 <= n))    continue;
         printf("係数を入力してください\n\n");
         /***  拡大係数行列を入力する. ***/
         /***  右辺の値は第 n+1 列目に入れる   ***/
         for(k=1; k<=n; k=k+1) {
             for(j=k; j<=n+1; j=j+1) {
                 printf("a( %d , %d ) = ",k,j);
                 scanf("%lf%c",&a[k][j],&zz);
             }
             printf("\n");
         }
         printf("正しく入力しましたか？ (y/n) ");
         scanf("%c%c",&z,&zz);
         if(z == 'y')      break;
     }
     /*** 計算開始  ***/
     for(k=1; k<=n; k=k+1) {
         p = a[k][k];
         if(fabs(p) < 1.0e-6) {
             printf("一意解をもちません. \n");
             exit(-1);
         }
         /*** 第 k 行を (k,k) 成分で割る. ***/
         for(j=k; j<=n+1; j=j+1)
             {  a[k][j] = a[k][j] / p;  }
     }
     /*** 逆進代入による計算  ***/
     for(k=n; k>=1; k=k-1) {
         s = 0.0;
         for(j=k+1; j<=n; j=j+1) {
             s = s + a[k][j] * x[j];
         }
```

```
49          x[k] = a[k][n+1]  - s;
50      }
51      /***  解 の 出 力  ***/
52      printf("\n上三角型の連立方程式の解\n\n");
53      for(k=1; k<=n; k=k+1) {
54          printf("x( %d ) = %10.6lf\n",k,x[k]);
55      }
56      return 0;
57 }
```

2.3　ガウスの消去法

2.2 節で，上 (下) 三角型連立 1 次方程式は容易に解けることを学んだ．一般の連立 1 次方程式を解くには，これを上 (下) 三角型の方程式に変形するとよい．

まず，その変形の仕方を次の簡単な具体例で説明しよう．

【例題 2.1】　次の連立 1 次方程式を解け．

$$\begin{cases} 2x + 3y - z = 1 & \text{①} \\ x + y + 2z = 0 & \text{②} \\ 3x - y + z = 2 & \text{③} \end{cases}$$

【解】

① ÷ 2	$x + 1.5y - 0.5z = \ \ 0.5$	①′
② − ①′	$-0.5y + 2.5z = -0.5$	
	$\therefore \ \ y - \ \ 5z = \ \ 1$	②′
③ + ①′ × (−3)	$-5.5y + 2.5z = \ \ 0.5$	③′
③′ + ②′ × 5.5	$-25z = \ \ 6$	
	$\therefore \ \ z = -0.24$	③″

①′，②′，③″ より，次の上三角型連立 1 次方程式が得られる．

$$\begin{cases} x + 1.5y - 0.5z = \ \ 0.5 \\ y - \ \ 5z = \ \ 1 \\ z = -0.24 \end{cases} \tag{2.6}$$

式 (2.6) を行列形で書くと，次のようになる．

$$\begin{bmatrix} 1 & 1.5 & -0.5 \\ 0 & 1 & -5 \\ 0 & 0 & 1 \end{bmatrix} \begin{bmatrix} x \\ y \\ z \end{bmatrix} = \begin{bmatrix} 0.5 \\ 1 \\ -0.24 \end{bmatrix}$$

以上の変形は，次のように係数だけを書いて行うと簡潔になる．

16 ■ 第2章 連立1次方程式

	xの係数	yの係数	zの係数	右辺の値	
(イ)	2	3	−1	1	等式①
(ロ)	1	1	2	0	等式②
(ハ)	3	−1	1	2	等式③
(ニ)	1	1.5	−0.5	0.5	(イ) ÷ 2
(ロ)	1	1	2	0	
(ハ)	3	−1	1	2	
(ニ)	1	1.5	−0.5	0.5	
(ホ)	0	−0.5	2.5	−0.5	(ロ) − (ニ)
(ヘ)	0	−5.5	2.5	0.5	(ハ) − (ニ) × 3
(ニ)	1	1.5	−0.5	0.5	
(ト)	0	1	−5	1	(ホ) ÷ (−0.5)
(ヘ)	0	−5.5	2.5	0.5	
(ニ)	1	1.5	−0.5	0.5	
(ト)	0	1	−5	1	
(チ)	0	0	−25	6	(ヘ) + (ト) × 5.5
(ニ)	1	1.5	−0.5	0.5	
(ト)	0	1	−5	1	
(リ)	0	0	1	−0.24	(チ) ÷ (−25)

この最下段は前に示した式 (2.6) を表している．逆進代入により，$z = -0.24$, $y = -0.2$, $x = 0.68$ を得る．

次に，一般の場合について考えよう．連立方程式 (2.1) は，

$$A = \begin{bmatrix} a_{11} & a_{12} & \cdots & a_{1n} \\ a_{21} & a_{22} & \cdots & a_{2n} \\ \vdots & \vdots & \ddots & \vdots \\ a_{n1} & a_{n2} & \cdots & a_{nn} \end{bmatrix}, \quad \boldsymbol{x} = \begin{bmatrix} x_1 \\ x_2 \\ \vdots \\ x_n \end{bmatrix}, \quad \boldsymbol{b} = \begin{bmatrix} b_1 \\ b_2 \\ \vdots \\ b_n \end{bmatrix}$$

とおくとき，$A\boldsymbol{x} = \boldsymbol{b}$ と書ける．

A, $\boldsymbol{b}$ を次のように並べてできる $(n, n+1)$ 型の拡大係数行列を考える．

$$\begin{bmatrix} a_{11} & a_{12} & \cdots & a_{1n} & b_1 \\ a_{21} & a_{22} & \cdots & a_{2n} & b_2 \\ \vdots & \vdots & \ddots & \vdots & \vdots \\ a_{n1} & a_{n2} & \cdots & a_{nn} & b_n \end{bmatrix} \tag{2.7}$$

2.3 ガウスの消去法 ■ 17

　まず，連立方程式で式を上下に並べる順序は，必要に応じて入れ替えてもよいことを念頭においておこう．

　x_1 の係数は，n 個の等式のうち少なくとも一つは 0 でないはずだから，その 0 でない等式を第 1 番目においてあるものと考えよう．すると，$a_{11} \neq 0$ であるから，第 1 行の各数を a_{11} で割ると，第 1 成分は 1 となり，第 2 成分から後は値が変わるから，それらを順に $a_{12}^{(1)}, a_{13}^{(1)}, \cdots, a_{1n}^{(1)}, b_1^{(1)}$ で表すと，式 (2.7) は次のようになる．

$$
\begin{bmatrix}
1 & a_{12}^{(1)} & a_{13}^{(1)} & \cdots & a_{1n}^{(1)} & b_1^{(1)} \\
a_{21} & a_{22} & a_{23} & \cdots & a_{2n} & b_2 \\
\vdots & \vdots & \vdots & \ddots & \vdots & \vdots \\
a_{n1} & a_{n2} & a_{n3} & \cdots & a_{nn} & b_n
\end{bmatrix}
$$

　このようにしてから，第 2 行に第 1 行を $(-a_{21})$ 倍して加えると，第 2 行の第 1 成分は 0，第 2 成分から後の数は変わるから，それらを順に $a_{22}^{(1)}, a_{23}^{(1)}, \cdots, a_{2n}^{(1)}, b_2^{(1)}$ で表す．同様に，第 3 行，第 4 行，$\cdots$，第 n 行についても，第 3 行＋第 1 行 $\times (-a_{31})$，第 4 行＋第 1 行 $\times (-a_{41})$，$\cdots$，第 n 行＋第 1 行 $\times (-a_{n1})$ を行うと，次のようになる．

$$
\begin{bmatrix}
1 & a_{12}^{(1)} & a_{13}^{(1)} & \cdots & a_{1n}^{(1)} & b_1^{(1)} \\
0 & a_{22}^{(1)} & a_{23}^{(1)} & \cdots & a_{2n}^{(1)} & b_2^{(1)} \\
\vdots & \vdots & \vdots & \ddots & \vdots & \vdots \\
0 & a_{n2}^{(1)} & a_{n3}^{(1)} & \cdots & a_{nn}^{(1)} & b_n^{(1)}
\end{bmatrix}
\tag{2.8}
$$

　このような変形を行っても，連立方程式の解は変わりないことに注意しよう．

　式 (2.7) から式 (2.8) へ変形することを，(1, 1) 成分を軸としてその下を掃き出すという．

　次に，式 (2.8) に対して，(2, 2) 成分 $a_{22}^{(1)}$ を軸としてその下を掃き出すと，

$$
\begin{bmatrix}
1 & a_{12}^{(1)} & a_{13}^{(1)} & \cdots & a_{1n}^{(1)} & b_1^{(1)} \\
0 & 1 & a_{23}^{(2)} & \cdots & a_{2n}^{(2)} & b_2^{(2)} \\
0 & 0 & a_{33}^{(2)} & \cdots & a_{3n}^{(2)} & b_3^{(2)} \\
\vdots & \vdots & \vdots & \ddots & \vdots & \vdots \\
0 & 0 & a_{n3}^{(2)} & \cdots & a_{nn}^{(2)} & b_n^{(2)}
\end{bmatrix}
\tag{2.9}
$$

となる．ここでは，$a_{22}^{(1)} \neq 0$ を仮定している．もし $a_{22}^{(1)} = 0$ のときは，第 2 列の第 2 成分より下の $a_{32}^{(1)}, a_{42}^{(1)}, \cdots, a_{n2}^{(1)}$ の中で 0 でないものを探す．$a_{k2}^{(1)} \neq 0, (k > 2)$ ならば，第 2 行と第 k 行を入れ替えて (2, 2) 成分 $\neq 0$ としてから，(2, 2) 成分を軸としてその下を掃き出して，式 (2.9) の形へ変形する．連立方程式だから，このような行の入れ替えを行っても差し支えない (0 でないものがいくつかあるときは，

18 ■ 第 2 章　連立 1 次方程式

絶対値の最大なものをとるほうがよい).

　以下，同様に対角成分を軸として，その下を掃き出していくと，最終的に次のような形になる.

$$
\begin{bmatrix}
1 & a_{12}^{(1)} & a_{13}^{(1)} & \cdots & a_{1,n-1}^{(1)} & a_{1n}^{(1)} & b_1^{(1)} \\
0 & 1 & a_{23}^{(2)} & \cdots & a_{2,n-1}^{(2)} & a_{2n}^{(2)} & b_2^{(2)} \\
0 & 0 & 1 & \cdots & a_{3,n-1}^{(3)} & a_{3n}^{(3)} & b_3^{(3)} \\
\vdots & \vdots & \vdots & \ddots & \vdots & \vdots & \vdots \\
0 & 0 & 0 & \cdots & 1 & a_{n-1,n}^{(n-1)} & b_{n-1}^{(n-1)} \\
0 & 0 & 0 & \cdots & 0 & 1 & b_n^{(n)}
\end{bmatrix}
\tag{2.10}
$$

　これで，掃き出しは完了する．ここまでの変形の手続きを<u>前進消去</u>という．式 (2.10) は上三角型連立方程式だから，前に示した方法で容易に解けて，

$$
x_n = b_n^{(n)},
$$

$$
x_{n-j} = b_{n-j}^{(n-j)} - \sum_{k=n-j+1}^{n} a_{n-j,k}^{(n-j)} x_k
\tag{2.11}
$$

$$
(j = 1, 2, \cdots, n-1)
$$

となる．このようにして解く方法を<u>ガウス (Gauss) の消去法</u>という.

　なお，掃き出しにあたっては，行に関する次の三つの<u>基本変形</u>を行っている.

Ⅰ．行の順序を入れ替える.

Ⅱ．一つの行を c 倍 $(c \neq 0)$ する.

Ⅲ．一つの行を c 倍 $(c \neq 0)$ して，他の行に加える.

　この変形を行っても連立方程式は同値であることを強調しておきたい．ガウスの消去法をプログラム 2.2 にあげておこう.

【注意】　(k, k) 成分を軸として掃き出す際に，第 k 行以下のすべての成分が 0 の場合には，(k, k) 成分を軸とする掃き出しはできないので，掃き出しはここでゆきづまる．このときは，与えられた連立方程式は解をもたないか，あるいは，解が無数にあり一意的に決まらない (自由度のある) 場合である．2.5 節を参照されたい.

プログラム 2.2

```
1 /***********************************************/
2 /*  ガウスの消去法による連立方程式の解法   gauss_syo.c */
3 /***********************************************/
4 #include <stdio.h>
5 #include <math.h>
6 #define    N      10
```

2.3 ガウスの消去法 ■ 19

```
7   /*** 行の入れ替えを行う関数 ***/
8   void  irekae(double a[][N+1], int i, int n)
9   {   int    m, j, k;
10      double  key;
11      m = i;
12      /***   絶対値の最大のものを探す ***/
13      for(k=i+1; k<=n; k++)
14          { if(fabs(a[m][i]) < fabs(a[k][i]))   m = k; }
15      /*** 第 m 行 と第 i 行 を入れ替える ***/
16      for(j=1; j<=n+1; j++)
17          { key=a[m][j];  a[m][j]=a[i][j];  a[i][j]=key; }
18  }
19  int main(void)
20  {   int    n, i, j, k;
21      char   z, zz;
22      static double  a[N][N+1], x[N], p, q, s;
23      /*** a[N][N+1]: 拡大係数行列, x[N]: 解 ***/
24      while( 1 ) {
25          printf("ガウスの消去法による連立方程式の解法\n");
26          printf("何元連立方程式ですか？(1<n<9) n = ");
27          scanf("%d%c",&n,&zz);
28          if((n <= 1) || (9 <= n))   continue;
29          printf("係数を入力してください\n\n");
30          /* 拡大係数行列の入力．右辺は第n+1列目に入れる */
31          for(i=1; i<=n; i++) {
32              for(j=1; j<=n+1; j++) {
33                  printf("a( %d , %d ) = ",i,j);
34                  scanf("%lf%c",&a[i][j],&zz);
35              }
36              printf("\n");
37          }
38          printf("\n正しく入力しましたか？(y/n) ");
39          scanf("%c%c",&z,&zz);
40          if(z == 'y')    break;
41      }
42      /* 対角成分より下を掃き出して上三角行列の形に変形 */
43      for(i=1; i<=n; i++){
44          irekae(a,i,n);
45          p = a[i][i];
46          if(fabs(p) < 1.0e-6) {
47              printf("一意解をもちません．\n"); exit(-1);
48          }
49          /*** 第 i 行を(i,i)成分で割る  ***/
50          for(j=i; j<=n+1; j++)
51              { a[i][j] = a[i][j] / p;  }
52          for(k=i+1; k<=n; k++){
53              q = a[k][i];
54              for(j=i; j<=n+1; j++)
55                  { a[k][j] = a[k][j] - a[i][j] * q; }
```

20 ■ 第 2 章　連立 1 次方程式

```
56              }
57          }
58      /***   逆進代入による計算   ***/
59      for(i=n; i>=1; i--) {
60          s = 0.0;
61          for(j=i+1; j<=n; j++)
62              { s += a[i][j] * x[j]; }
63          x[i] = a[i][n+1] - s;
64      }
65      /***   解の表示   ***/
66      printf("\n連立方程式の解\n\n");
67      for(i=1; i<=n; i++)
68          { printf("x( %d ) = %10.6lf\n",i,x[i]); }
69      return 0;
70  }
```

2.4　ガウス・ジョルダン法と逆行列

　ガウスの消去法で対角成分より上の成分も掃き出したとき，次のように最後まで掃き出しができたとする．

$$
\begin{bmatrix}
a_{11} & a_{12} & \cdots & a_{1n} & b_1 \\
a_{21} & a_{22} & \cdots & a_{2n} & b_2 \\
\vdots & \vdots & \ddots & \vdots & \vdots \\
a_{n1} & a_{n2} & \cdots & a_{nn} & b_n
\end{bmatrix}
\rightarrow
\begin{bmatrix}
1 & a_{12}^{(1)} & a_{13}^{(1)} & \cdots & a_{1n}^{(1)} & b_1^{(1)} \\
0 & a_{22}^{(1)} & a_{23}^{(1)} & \cdots & a_{2n}^{(1)} & b_2^{(1)} \\
\vdots & \vdots & \vdots & \ddots & \vdots & \vdots \\
0 & a_{n2}^{(1)} & a_{n3}^{(1)} & \cdots & a_{nn}^{(1)} & b_n^{(1)}
\end{bmatrix}
$$

$$
\rightarrow
\begin{bmatrix}
1 & 0 & a_{13}^{(1)} & \cdots & a_{1n}^{(1)} & b_1^{(1)} \\
0 & 1 & a_{23}^{(2)} & \cdots & a_{2n}^{(2)} & b_2^{(2)} \\
0 & 0 & a_{33}^{(2)} & \cdots & a_{3n}^{(2)} & b_3^{(2)} \\
\vdots & \vdots & \vdots & \ddots & \vdots & \vdots \\
0 & 0 & a_{n3}^{(2)} & \cdots & a_{nn}^{(2)} & b_n^{(2)}
\end{bmatrix}
\rightarrow \cdots \rightarrow
\begin{bmatrix}
1 & 0 & 0 & \cdots & 0 & b_1' \\
0 & 1 & 0 & \cdots & 0 & b_2' \\
0 & 0 & 1 & \cdots & 0 & b_3' \\
\vdots & \vdots & \vdots & \ddots & \vdots & \vdots \\
0 & 0 & 0 & \cdots & 1 & b_n'
\end{bmatrix}
$$

　このとき，最後の行列の最右列の値 $b_1', b_2' \cdots, b_n'$ が，そのまま $x_1, x_2, \cdots, x_n$ の値を表している．このように対角成分を軸として，その上下を掃き出して解く方法を**ガウス・ジョルダン (Gauss-Jordan) 法**という．

2.4 ガウス・ジョルダン法と逆行列　■　21

【例題 2.2】　次の連立 1 次方程式をガウス・ジョルダン法で解け.

$$\begin{cases} 2x - 4y + 6z = 5 \\ -x + 7y - 8z = -3 \\ x + y - 2z = 2 \end{cases}$$

【解】　拡大係数行列を作り，それを掃き出していく.

$$\begin{array}{rrrr} 2 & -4 & 6 & 5 \\ -1 & 7 & -8 & -3 \\ 1 & 1 & -2 & 2 \end{array} \longrightarrow \begin{array}{rrrr} 1 & 0 & 1 & 2.3 \\ 0 & 1 & -1 & -0.1 \\ 0 & 0 & -2 & -0.2 \end{array}$$

$$\begin{array}{rrrr} 1 & -2 & 3 & 2.5 \\ -1 & 7 & -8 & -3 \\ 1 & 1 & -2 & 2 \end{array} \qquad \begin{array}{rrrr} 1 & 0 & 1 & 2.3 \\ 0 & 1 & -1 & -0.1 \\ 0 & 0 & 1 & 0.1 \end{array}$$

$$\begin{array}{rrrr} 1 & -2 & 3 & 2.5 \\ 0 & 5 & -5 & -0.5 \\ 0 & 3 & -5 & -0.5 \end{array} \qquad \begin{array}{rrrr} 1 & 0 & 0 & 2.2 \\ 0 & 1 & 0 & 0 \\ 0 & 0 & 1 & 0.1 \end{array}$$

$$\begin{array}{rrrr} 1 & -2 & 3 & 2.5 \\ 0 & 1 & -1 & -0.1 \\ 0 & 3 & -5 & -0.5 \end{array} \qquad 答 \begin{cases} x = 2.2 \\ y = 0 \\ z = 0.1 \end{cases}$$

　ガウス・ジョルダン法によって逆行列を求めることができる. それを具体例で説明しよう.

【例題 2.3】　次の行列の逆行列を求めよ.

$$A = \begin{bmatrix} 2 & -4 & 6 \\ -1 & 7 & -8 \\ 1 & 1 & -2 \end{bmatrix}$$

【解】　逆行列を $X = \begin{bmatrix} x_1 & x_2 & x_3 \\ y_1 & y_2 & y_3 \\ z_1 & z_2 & z_3 \end{bmatrix}$ とする. $AX = E$ (単位行列) より，

$$\begin{bmatrix} 2 & -4 & 6 \\ -1 & 7 & -8 \\ 1 & 1 & -2 \end{bmatrix} \begin{bmatrix} x_1 & x_2 & x_3 \\ y_1 & y_2 & y_3 \\ z_1 & z_2 & z_3 \end{bmatrix} = \begin{bmatrix} 1 & 0 & 0 \\ 0 & 1 & 0 \\ 0 & 0 & 1 \end{bmatrix}$$

が成り立つ. 左辺の行列の積を計算すると，次のようになる.

$$\begin{bmatrix} 2x_1 - 4y_1 + 6z_1 & 2x_2 - 4y_2 + 6z_2 & 2x_3 - 4y_3 + 6z_3 \\ -x_1 + 7y_1 - 8z_1 & -x_2 + 7y_2 - 8z_2 & -x_3 + 7y_3 - 8z_3 \\ x_1 + y_1 - 2z_1 & x_2 + y_2 - 2z_2 & x_3 + y_3 - 2z_3 \end{bmatrix} = \begin{bmatrix} 1 & 0 & 0 \\ 0 & 1 & 0 \\ 0 & 0 & 1 \end{bmatrix}$$

22 ■ 第2章 連立1次方程式

両辺の成分を等置することにより，次の三つの連立方程式が得られる．

$$\begin{cases} 2x_1 - 4y_1 + 6z_1 = 1 \\ -\ x_1 + 7y_1 - 8z_1 = 0 \\ x_1 +\ y_1 - 2z_1 = 0 \end{cases}, \quad \begin{cases} 2x_2 - 4y_2 + 6z_2 = 0 \\ -\ x_2 + 7y_2 - 8z_2 = 1 \\ x_2 +\ y_2 - 2z_2 = 0 \end{cases}, \quad \begin{cases} 2x_3 - 4y_3 + 6z_3 = 0 \\ -\ x_3 + 7y_3 - 8z_3 = 0 \\ x_3 +\ y_3 - 2z_3 = 1 \end{cases}$$

これらをガウス・ジョルダン法で解く．それには，それぞれ

$$\begin{bmatrix} 2 & -4 & 6 & 1 \\ -1 & 7 & -8 & 0 \\ 1 & 1 & -2 & 0 \end{bmatrix}, \quad \begin{bmatrix} 2 & -4 & 6 & 0 \\ -1 & 7 & -8 & 1 \\ 1 & 1 & -2 & 0 \end{bmatrix}, \quad \begin{bmatrix} 2 & -4 & 6 & 0 \\ -1 & 7 & -8 & 0 \\ 1 & 1 & -2 & 1 \end{bmatrix}$$

を掃き出していけばよい．この三つはいずれも第3列までは行列 A と同じで，第4列だけが異なっている．したがって，別々に掃き出すより，次のように一括して同時に掃き出していけば，無駄なく効率よくできる．

$$
\begin{array}{ccc|ccc}
\multicolumn{3}{c}{A} & \multicolumn{3}{c}{E} \\
2 & -4 & 6 & 1 & 0 & 0 \\
-1 & 7 & -8 & 0 & 1 & 0 \\
1 & 1 & -2 & 0 & 0 & 1 \\
\hline
1 & -2 & 3 & 0.5 & 0 & 0 \\
0 & 5 & -5 & 0.5 & 1 & 0 \\
0 & 3 & -5 & -0.5 & 0 & 1 \\
\hline
1 & -2 & 3 & 0.5 & 0 & 0 \\
0 & 1 & -1 & 0.1 & 0.2 & 0 \\
0 & 3 & -5 & -0.5 & 0 & 1 \\
\hline
1 & 0 & 1 & 0.7 & 0.4 & 0 \\
0 & 1 & -1 & 0.1 & 0.2 & 0 \\
0 & 0 & -2 & -0.8 & -0.6 & 1 \\
\end{array}
\qquad
\begin{array}{ccc|ccc}
1 & 0 & 1 & 0.7 & 0.4 & 0 \\
0 & 1 & -1 & 0.1 & 0.2 & 0 \\
0 & 0 & 1 & 0.4 & 0.3 & -0.5 \\
\hline
1 & 0 & 0 & 0.3 & 0.1 & 0.5 \\
0 & 1 & 0 & 0.5 & 0.5 & -0.5 \\
0 & 0 & 1 & 0.4 & 0.3 & -0.5 \\
\end{array}
$$

$$\therefore\quad A^{-1} = \begin{bmatrix} 0.3 & 0.1 & 0.5 \\ 0.5 & 0.5 & -0.5 \\ 0.4 & 0.3 & -0.5 \end{bmatrix}$$

　この方法は，高次の正方行列に対してもまったく同様に適用できる．すなわち，まず与えられた行列 A とそれと同じ次数の単位行列 E を A，E の順に書き並べ，それを A が単位行列の形になるまで掃き出していき，掃き出しが完了したとき，E に対応する部分の行列が求める逆行列 A^{-1} である．なお，途中で掃き出しができなくなったときは，逆行列が存在しない場合である．

$$
\begin{array}{cccc|cccc}
\multicolumn{4}{c}{A} & \multicolumn{4}{c}{E} \\
a_{11} & a_{12} & \cdots & a_{1n} & 1 & 0 & \cdots & 0 \\
a_{21} & a_{22} & \cdots & a_{2n} & 0 & 1 & \cdots & 0 \\
\vdots & \vdots & \ddots & \vdots & \vdots & \vdots & \ddots & \vdots \\
a_{n1} & a_{n2} & \cdots & a_{nn} & 0 & 0 & \cdots & 1 \\
\end{array}
$$

2.5 連立 1 次方程式の解の有無および形 ■ 23

$$
\xrightarrow{\text{掃き出し}}
\begin{bmatrix}
1 & 0 & \cdots & 0 & x_{11} & x_{12} & \cdots & x_{1n} \\
0 & 1 & \cdots & 0 & x_{21} & x_{22} & \cdots & x_{2n} \\
\vdots & \vdots & \ddots & \vdots & \vdots & \vdots & \ddots & \vdots \\
0 & 0 & \cdots & 1 & x_{n1} & x_{n2} & \cdots & x_{nn}
\end{bmatrix}
$$

（上部に E と A^{-1} のラベル）

2.5 連立 1 次方程式の解の有無および形

これまでは，連立方程式 $A\boldsymbol{x} = \boldsymbol{b}$ の係数行列 A は正方行列，つまり (n, n) 型であったが，今度は一般に A が (m, n) 型の場合を考えよう．

$A\boldsymbol{x} = \boldsymbol{b}$ において，$\boldsymbol{b} = \boldsymbol{0}$ の場合を斉次方程式といい，$\boldsymbol{b} \neq \boldsymbol{0}$ の場合を非斉次方程式という．斉次方程式 $A\boldsymbol{x} = \boldsymbol{0}$ において，$\boldsymbol{x} = \boldsymbol{0}$ はつねに解になるが，これを自明解といい，$\boldsymbol{x} \neq \boldsymbol{0}$ で解になるものがあるとき，それを非自明解という．

$A\boldsymbol{x} = \boldsymbol{0}$ を解くには，行についての三つの基本変形を繰り返し行ういわゆる掃き出し法で式を変形すれば，最後の形から解が自明解のみか，非自明解もあるか，解はどんな形か，などがわかる．これについて，まずいくつかの例で説明しよう．

【例題 2.4】 次の連立 1 次方程式を解け．
$$
\begin{cases}
3x + 6y = 0 \\
4x + 5y = 0
\end{cases}
$$

【解】 拡大係数行列を作り，それを掃き出していく．（以下同じ．）
$$
\begin{bmatrix} 3 & 6 & 0 \\ 4 & 5 & 0 \end{bmatrix} \rightarrow
\begin{bmatrix} 1 & 2 & 0 \\ 4 & 5 & 0 \end{bmatrix} \rightarrow
\begin{bmatrix} 1 & 2 & 0 \\ 0 & -3 & 0 \end{bmatrix} \rightarrow
\begin{bmatrix} 1 & 2 & 0 \\ 0 & 1 & 0 \end{bmatrix} \rightarrow
\begin{bmatrix} 1 & 0 & 0 \\ 0 & 1 & 0 \end{bmatrix}
$$

最後の行列から，$x = 0$，$y = 0$ である．ゆえに，$\boldsymbol{x} = \begin{bmatrix} 0 \\ 0 \end{bmatrix} = \boldsymbol{0}$ となり，解は自明解のみである．

【例題 2.5】 次の連立 1 次方程式を解け．
$$
\begin{cases}
x - 2y + 3z + u = 0 \\
2x - 3y + 4z + u = 0 \\
5x - 4y + 3z - u = 0
\end{cases}
$$

【解】
$$\begin{bmatrix} 1 & -2 & 3 & 1 & 0 \\ 2 & -3 & 4 & 1 & 0 \\ 5 & -4 & 3 & -1 & 0 \end{bmatrix} \rightarrow \begin{bmatrix} 1 & -2 & 3 & 1 & 0 \\ 0 & 1 & -2 & -1 & 0 \\ 0 & 6 & -12 & -6 & 0 \end{bmatrix}$$

$$\rightarrow \begin{bmatrix} 1 & 0 & -1 & -1 & 0 \\ 0 & 1 & -2 & -1 & 0 \\ 0 & 0 & 0 & 0 & 0 \end{bmatrix}$$

最後の行列の第 3 行は $0x + 0y + 0z + 0u = 0$ を意味し，これはつねに成立する．したがって，第 1 行の表す $x - z - u = 0$ と，第 2 行の表す $y - 2z - u = 0$ が成り立てばよい．

これを満たす $x,\ y,\ z,\ u$ は，$s,\ t$ を任意の数として，$z = s,\ u = t$ とおくと，$x = s + t$，$y = 2s + t$ で表される．したがって，連立方程式の解は，次のようになる．

$$\boldsymbol{x} = \begin{bmatrix} x \\ y \\ z \\ u \end{bmatrix} = \begin{bmatrix} s+t \\ 2s+t \\ s \\ t \end{bmatrix} = s\begin{bmatrix} 1 \\ 2 \\ 1 \\ 0 \end{bmatrix} + t\begin{bmatrix} 1 \\ 1 \\ 0 \\ 1 \end{bmatrix}, \quad (s, t \text{ は任意定数})$$

【例題 2.6】 次の連立 1 次方程式を解け．
$$\begin{cases} 2x - 6y + 4z = 0 \\ -x + 3y - 2z = 0 \\ 3x - 9y + 6z = 0 \end{cases}$$

【解】
$$\begin{bmatrix} 2 & -6 & 4 & 0 \\ -1 & 3 & -2 & 0 \\ 3 & -9 & 6 & 0 \end{bmatrix} \rightarrow \begin{bmatrix} 1 & -3 & 2 & 0 \\ -1 & 3 & -2 & 0 \\ 3 & -9 & 6 & 0 \end{bmatrix} \rightarrow \begin{bmatrix} 1 & -3 & 2 & 0 \\ 0 & 0 & 0 & 0 \\ 0 & 0 & 0 & 0 \end{bmatrix}$$

最後の行列の第 2 行，第 3 行はともに $0x + 0y + 0z = 0$ を意味し，これはつねに成立する．したがって，第 1 行の表す $x - 3y + 2z = 0$ が成り立てばよい．

これを満たす $x,\ y,\ z$ は，$s,\ t$ を任意の数として，$y = s,\ z = t,\ x = 3s - 2t$ で表される．

したがって，連立方程式の解は，次のようになる．

$$\boldsymbol{x} = \begin{bmatrix} x \\ y \\ z \end{bmatrix} = \begin{bmatrix} 3s - 2t \\ s \\ t \end{bmatrix} = s\begin{bmatrix} 3 \\ 1 \\ 0 \end{bmatrix} + t\begin{bmatrix} -2 \\ 0 \\ 1 \end{bmatrix}, \quad (s, t \text{ は任意定数})$$

以上の例で斉次方程式は，解が一意に定まる場合と，解が無数に存在する場合があることがわかる．

どのような条件のときこのようになるのだろうか．これまでの例から，一般に次の

2.5 連立 1 次方程式の解の有無および形 ■ 25

定理が成り立つことは容易に了解されよう.

■ ポイント 2.1　連立 1 次斉次方程式の解

$A\boldsymbol{x} = \boldsymbol{0}$ において，係数行列 A を (m, n) 型とする.

(1) $m < n$ の場合.　$A\boldsymbol{x} = \boldsymbol{0}$ は非自明解をもつ.

(2) $m \geqq n$ の場合.　$[\ A \quad \boldsymbol{0}\ ]$ に三つの行についての基本変形および A の列の入れ替えを行って掃き出すとき，掃き出し完了時の行列の基本単位列ベクトルの個数を r とする.

(a) $r = n$ ならば，自明解だけである.

(b) $r < n$ ならば，$n - r$ 個の任意定数を含む非自明解をもつ.

次に，非斉次の場合についてみてみよう.

【例題 2.7】　次の連立 1 次方程式を解け.
$$\begin{cases} 3x + 6y = -3 \\ 4x + 5y = 2 \end{cases}$$

【解】 $\begin{bmatrix} 3 & 6 & -3 \\ 4 & 5 & 2 \end{bmatrix} \rightarrow \begin{bmatrix} 1 & 2 & -1 \\ 4 & 5 & 2 \end{bmatrix} \rightarrow \begin{bmatrix} 1 & 2 & -1 \\ 0 & -3 & 6 \end{bmatrix} \rightarrow \begin{bmatrix} 1 & 2 & -1 \\ 0 & 1 & -2 \end{bmatrix}$

$\rightarrow \begin{bmatrix} 1 & 0 & 3 \\ 0 & 1 & -2 \end{bmatrix}$

最後の行列から，$x = 3$, $y = -2$.　$\therefore$　$\boldsymbol{x} = \begin{bmatrix} 3 \\ -2 \end{bmatrix}$ となり，解は一意に定まる.

【例題 2.8】　次の連立 1 次方程式を解け.
$$\begin{cases} 3x + 3y + 12z = 3 \\ 2x + 5y + 20z = 7 \\ 5x + 2y + 8z = 1 \end{cases}$$

【解】 $\begin{bmatrix} 3 & 3 & 12 & 3 \\ 2 & 5 & 20 & 7 \\ 5 & 2 & 8 & 1 \end{bmatrix} \rightarrow \begin{bmatrix} 1 & 1 & 4 & 1 \\ 2 & 5 & 20 & 7 \\ 5 & 2 & 8 & 1 \end{bmatrix} \rightarrow \begin{bmatrix} 1 & 1 & 4 & 1 \\ 0 & 3 & 12 & 5 \\ 0 & -3 & -12 & -4 \end{bmatrix}$

26 ■ 第 2 章　連立 1 次方程式

$$
\rightarrow
\begin{bmatrix}
1 & 1 & 4 & 1 \\
0 & 1 & 4 & \dfrac{5}{3} \\
0 & 1 & 4 & \dfrac{4}{3}
\end{bmatrix}
\rightarrow
\begin{bmatrix}
1 & 0 & 0 & -\dfrac{2}{3} \\
0 & 1 & 4 & \dfrac{5}{3} \\
0 & 0 & 0 & -\dfrac{1}{3}
\end{bmatrix}
$$

　最後の行列の第 3 行は $0x + 0y + 0z = -1/3$ を意味し，これは成立しない．したがっ て，この連立方程式には解は存在しない．

【例題 2.9】　次の連立 1 次方程式を解け．

$$
\begin{cases}
x - 2y + 3z = 3 \\
2x - 3y + 4z = 5 \\
5x - 4y + 3z = 9
\end{cases}
$$

【解】
$$
\begin{bmatrix}
1 & -2 & 3 & 3 \\
2 & -3 & 4 & 5 \\
5 & -4 & 3 & 9
\end{bmatrix}
\rightarrow
\begin{bmatrix}
1 & -2 & 3 & 3 \\
0 & 1 & -2 & -1 \\
0 & 6 & -12 & -6
\end{bmatrix}
\rightarrow
\begin{bmatrix}
1 & 0 & -1 & 1 \\
0 & 1 & -2 & -1 \\
0 & 0 & 0 & 0
\end{bmatrix}
$$

　最後の行列の第 3 行は $0x + 0y + 0z = 0$ を意味し，これはつねに成立する．したがっ て，第 1 行の表す $x - z = 1$ と第 2 行の表す $y - 2z = -1$ が成り立てばよい．

　これを満たす x, y, z は，t を任意の実数として，$z = t$ とおくと，$x = t + 1$, $y = 2t - 1$ で表される．したがって，連立方程式の解は，次の式で表される．

$$
\boldsymbol{x} =
\begin{bmatrix}
t+1 \\
2t-1 \\
t
\end{bmatrix}
=
\begin{bmatrix}
1 \\
-1 \\
0
\end{bmatrix}
+ t
\begin{bmatrix}
1 \\
2 \\
1
\end{bmatrix},
\quad (t \text{ は任意定数})
$$

　初めの方程式を $A\boldsymbol{x} = \boldsymbol{b}$ とおくと，解 $\boldsymbol{x}$ の第 1 項は $A\boldsymbol{x} = \boldsymbol{b}$ の一つの解 (特殊解)，第 2 項は $A\boldsymbol{x} = \boldsymbol{0}$ の一般解になっている．

【例題 2.10】　次の連立 1 次方程式を解け．

$$
\begin{cases}
2x - 6y + 4z = 12 \\
-x + 3y - 2z = -6 \\
3x - 9y + 6z = 18
\end{cases}
$$

【解】
$$
\begin{bmatrix}
2 & -6 & 4 & 12 \\
-1 & 3 & -2 & -6 \\
3 & -9 & 6 & 18
\end{bmatrix}
\rightarrow
\begin{bmatrix}
1 & -3 & 2 & 6 \\
-1 & 3 & -2 & -6 \\
3 & -9 & 6 & 18
\end{bmatrix}
\rightarrow
\begin{bmatrix}
1 & -3 & 2 & 6 \\
0 & 0 & 0 & 0 \\
0 & 0 & 0 & 0
\end{bmatrix}
$$

　最後の行列の第 2 行，第 3 行はともに $0x + 0y + 0z = 0$ を意味し，これはつねに成立

2.5 連立 1 次方程式の解の有無および形 ■ 27

する. したがって, 第 1 行の表す $x - 3y + 2z = 6$ が成り立てばよい.

これを満たす x, y, z は, s, t を任意の数として, $y = s$, $z = t$, $x = 6 + 3s - 2t$ で表される.

したがって, 連立方程式の解は, 次のようになる.

$$x = \begin{bmatrix} 6 + 3s - 2t \\ s \\ t \end{bmatrix} = \begin{bmatrix} 6 \\ 0 \\ 0 \end{bmatrix} + s \begin{bmatrix} 3 \\ 1 \\ 0 \end{bmatrix} + t \begin{bmatrix} -2 \\ 0 \\ 1 \end{bmatrix}, \quad (s, t \text{ は任意定数})$$

これも,【例題 2.9】と同様に, 解 x の第 1 項は $Ax = b$ の特殊解, 第 2 項 + 第 3 項は $Ax = 0$ の一般解になっている.

このように一般に, 連立方程式 $Ax = b$ の一般解は, $Ax = b$ の特殊解と $Ax = 0$ の一般解の和の形で表される.

証明は省略するが, 一般に次の定理が成り立つ.

■ ポイント 2.2 連立 1 次方程式の解の存在条件とその解の形

連立方程式 $Ax = b$ で, 係数行列 A は (m, n) 型, 右辺 b は定ベクトルとする. 拡大係数行列 $[\ A \quad b\ ]$ に行についての三つの基本変形および A の列の入れ替えを行って掃き出したとき, $[\ A \quad b\ ]$ が最終的に次の形に変形されたとする.

$$\begin{bmatrix} a_{11} & a_{12} & \cdots & a_{1n} & b_1 \\ a_{21} & a_{22} & \cdots & a_{2n} & b_2 \\ \vdots & \vdots & \ddots & \vdots & \vdots \\ a_{r1} & a_{r2} & \cdots & a_{rn} & b_r \\ a_{r+1,1} & a_{r+1,2} & \cdots & a_{r+1,n} & b_{r+1} \\ \vdots & \vdots & \cdots & \vdots & \vdots \\ a_{m1} & a_{m2} & \cdots & a_{mn} & b_m \end{bmatrix}$$

$$\rightarrow \begin{bmatrix} 1 & 0 & \cdots & 0 & c_{1,r+1} & \cdots & c_{1n} & d_1 \\ 0 & 1 & \cdots & 0 & c_{2,r+1} & \cdots & c_{2n} & d_2 \\ \vdots & \vdots & \ddots & \vdots & \vdots & \ddots & \vdots & \vdots \\ 0 & 0 & \cdots & 1 & c_{r,r+1} & \cdots & c_{rn} & d_r \\ 0 & 0 & \cdots & 0 & 0 & \cdots & 0 & d_{r+1} \\ \vdots & \vdots & \ddots & \vdots & \vdots & \ddots & \vdots & \vdots \\ 0 & 0 & \cdots & 0 & 0 & \cdots & 0 & d_m \end{bmatrix}$$

28 ■ 第 2 章 連立 1 次方程式

このとき，列の入れ替えを行ったときは，それに対応して未知数も入れ替え，改めて $\boldsymbol{x} = {}^t[x_1, x_2, \cdots, x_n]$ で表したとして，次が成り立つ.

(1) 解が存在するための条件は，$d_{r+1} = d_{r+2} = \cdots = d_m = 0$ である.

(2) (1) の条件が成り立つとき，

(a) $r = n$ ならば，解は一意に定まり，$\boldsymbol{x} = \begin{bmatrix} x_1 \\ x_2 \\ \vdots \\ x_n \end{bmatrix} = \begin{bmatrix} d_1 \\ d_2 \\ \vdots \\ d_n \end{bmatrix}$ である.

(b) $r < n$ ならば，解は無数に存在し，$n - r$ 個の任意定数を含む次の形をしている．$t_{r+1}, t_{r+2}, \cdots, t_n$ を任意定数として，

$$x_{r+1} = t_{r+1}, \ x_{r+2} = t_{r+2}, \ \cdots, x_n = t_n$$

$$x_j = d_j - \sum_{k=r+1}^{n} c_{jk}t_k, \quad (j = 1, 2, \cdots, r)$$

となる．これをベクトルの形で表すと，次のようになる.

$$\boldsymbol{x} = \begin{bmatrix} d_1 \\ d_2 \\ \vdots \\ d_r \\ 0 \\ 0 \\ \vdots \\ 0 \end{bmatrix} - t_{r+1} \begin{bmatrix} c_{1,r+1} \\ c_{2,r+1} \\ \vdots \\ c_{r,r+1} \\ 1 \\ 0 \\ \vdots \\ 0 \end{bmatrix} - t_{r+2} \begin{bmatrix} c_{1,r+2} \\ c_{2,r+2} \\ \vdots \\ c_{r,r+2} \\ 0 \\ 1 \\ \vdots \\ 0 \end{bmatrix} - \cdots - t_n \begin{bmatrix} c_{1n} \\ c_{2n} \\ \vdots \\ c_{rn} \\ 0 \\ 0 \\ \vdots \\ 1 \end{bmatrix}$$

2.6 　簡単な線形計画法への応用

まず，線形計画法の簡単な問題を連立方程式の掃き出し法を用いて解いてみよう.

【例題 2.11】 ある会社で 2 種類の原料 P, Q を用いて，2 種類の製品 A, B を製造している．製品 A を 1 kg 作るのに，原料が P は 1 kg，Q は 2 kg，製品 B を 1 kg 作るのに，原料が P は 2 kg，Q は 3 kg 必要である．また，製品 A, B を 1 kg 作って得られる利益は，それぞれ 3 万円，5 万円である．ところが，原料の入手量には

制限があり，原料 P，Q はそれぞれ 8 kg，13 kg までしか入手できないという．利益を最大にするには，製品 A，B をそれぞれ何 kg 作ればよいか．

【解】

問題の整理

		製品		入手制限
		A	B	
原料	P	1	2	8
	Q	2	3	13
利益		3	5	

問題の定式化

A，B をそれぞれ x [kg]，y [kg] 作ったときの利益を f 万円とする．

$$\begin{cases} x + 2y \leqq 8 \\ 2x + 3y \leqq 13 \\ x \geqq 0, \ y \geqq 0 \end{cases}$$

を満たす x，y について，$f = 3x + 5y$ を最大にせよ．

上のように問題を定式化すると，これはこの連立不等式の表す領域を図示しておいて，直線 $3x + 5y - f = 0$ (f は一時的に定数とみる) がその領域と共有点を保ちながら平行移動するときの，f の最大値を求めることによって解ける．しかし，この方法では，変数の個数が増えると，視覚的に解を求めるのは困難である．

そこで，発想を転換してみよう．不等式は扱いにくいので，次のように変数を増やして等式にしよう．$8 - (x + 2y) = u$，$13 - (2x + 3y) = v$ とおくことにより，この問題は

$$\begin{cases} x + 2y + u = 8 & ① \\ 2x + 3y + v = 13 & ② \\ x \geqq 0, \ y \geqq 0, \ u \geqq 0, \ v \geqq 0 & ③ \end{cases}$$

を満たす x，y，u，v で $f = 3x + 5y$ を最大にせよ，という問題に変わる．

そこで，等式①②を連立して解き，③を満たす x，y，u，v の中で f を最大にする解 x，y を選べばよい．

では，解いてみよう．前に説明した掃き出し法で変形しよう．

$$\begin{bmatrix} 1 & 2 & 1 & 0 & 8 \\ 2 & 3 & 0 & 1 & 13 \end{bmatrix} \rightarrow \begin{bmatrix} 1 & 2 & 1 & 0 & 8 \\ 0 & -1 & -2 & 1 & -3 \end{bmatrix}$$

$$\rightarrow \begin{bmatrix} 1 & 0 & -3 & 2 & 2 \\ 0 & -1 & -2 & 1 & -3 \end{bmatrix} \rightarrow \begin{bmatrix} 1 & 0 & -3 & 2 & 2 \\ 0 & 1 & 2 & -1 & 3 \end{bmatrix}$$

これより，$x = 2 + 3u - 2v$，$y = 3 - 2u + v$ が得られる．ここで，u，v は $u \geqq 0$，$v \geqq 0$ を満たしさえすればどんな数でもよい．このとき，f の値を考えると，

$$f = 3x + 5y = 3(2 + 3u - 2v) + 5(3 - 2u + v) = 21 - u - v \leqq 21$$

となり，$f = 21$ になり得ればこれが最大値である．事実，なり得る．それには $u = 0$，$v = 0$ とすればよい．したがって，$x = 2 \, \text{kg}$，$y = 3 \, \text{kg}$ のとき，f は最大になり，最大値は 21 万円である．

30 ■ 第 2 章 連立 1 次方程式

　この解法だと図形を用いることなく解決する．これはきわめて簡単な線形計画法の
モデルである．

　一般に，与えられた連立 1 次方程式または連立 1 次不等式を満たしながら変化する
0 以上の変数に対して，そのうちのいくつかの変数で作られた 1 次式の値の最大値ま
たは最小値を求める問題を，線形計画法とよんでいる．その満たすべき条件式を制約
条件，制約条件を満たす解を実行可能解，その 1 次式を目的関数，最大値または最小
値を与える解を最適解という．

【例題 2.12】　変数 x, y が次の条件を満たしながら変化するとき，目的関数 $f = y - x$
を最大にする x, y および f の最大値を求めよ．
$$\begin{cases} x + y \leqq 3 \\ x - 2y \leqq 1 \\ -2x + y \leqq 2 \\ x \geqq 0, \ y \geqq 0 \end{cases}$$

【解】　$3 - x - y = u$, $1 - x + 2y = v$, $2 + 2x - y = w$ とおくと，$u \geqq 0$, $v \geqq 0$, $w \geqq 0$
であり，かつ，連立方程式
$$\begin{cases} x + y + u = 3 \\ x - 2y + v = 1 \\ -2x + y + w = 2 \end{cases}$$
が得られる．これを掃き出すと，

$$\begin{bmatrix} 1 & 1 & 1 & 0 & 0 & 3 \\ 1 & -2 & 0 & 1 & 0 & 1 \\ -2 & 1 & 0 & 0 & 1 & 2 \end{bmatrix} \rightarrow \begin{bmatrix} 1 & 1 & 1 & 0 & 0 & 3 \\ 0 & -3 & -1 & 1 & 0 & -2 \\ 0 & 3 & 2 & 0 & 1 & 8 \end{bmatrix}$$

$$\rightarrow \begin{bmatrix} 1 & 1 & 1 & 0 & 0 & 3 \\ 0 & 1 & \frac{1}{3} & -\frac{1}{3} & 0 & \frac{2}{3} \\ 0 & 1 & \frac{2}{3} & 0 & \frac{1}{3} & \frac{8}{3} \end{bmatrix} \rightarrow \begin{bmatrix} 1 & 0 & \frac{2}{3} & \frac{1}{3} & 0 & \frac{7}{3} \\ 0 & 1 & \frac{1}{3} & -\frac{1}{3} & 0 & \frac{2}{3} \\ 0 & 0 & \frac{1}{3} & \frac{1}{3} & \frac{1}{3} & \frac{6}{3} \end{bmatrix}$$

$$\rightarrow \begin{bmatrix} 1 & 0 & 0 & -\frac{1}{3} & -\frac{2}{3} & -\frac{5}{3} \\ 0 & 1 & 0 & -\frac{2}{3} & -\frac{1}{3} & -\frac{4}{3} \\ 0 & 0 & 1 & 1 & 1 & 6 \end{bmatrix}$$

となる．これより，

$$x = -\frac{5}{3} + \frac{1}{3}v + \frac{2}{3}w, \ y = -\frac{4}{3} + \frac{2}{3}v + \frac{1}{3}w, \ u + v + w = 6$$

が得られる．これを目的関数 f に代入すると，

$$f = y - x = -\frac{4}{3} + \frac{2}{3}v + \frac{1}{3}w - \left(-\frac{5}{3} + \frac{1}{3}v + \frac{2}{3}w\right) = \frac{1}{3} + \frac{1}{3}v - \frac{1}{3}w$$

となる．$u + v + w = 6$ より，$v = 6 - u - w$ だから，上の式に代入して，

$$f = \frac{7}{3} - \frac{1}{3}u - \frac{2}{3}w \leqq \frac{7}{3} \quad (u = 0, \ w = 0 \ \text{のとき等号が成立})$$

となる．このとき，$v = 6$, $x = 1/3$, $y = 8/3$ となる．したがって，$x = 1/3$, $y = 8/3$ のとき，f は最大値 $7/3$ をとる．

2.7 行列の LU 分解と連立 1 次方程式

連立方程式 $A\boldsymbol{x} = \boldsymbol{b}$ は逆行列 A^{-1} を用いれば $\boldsymbol{x} = A^{-1}\boldsymbol{b}$ となり，理論上は明快に解けるが，A^{-1} を求めるのに手間がかかる．2.3 節で示したガウスの消去法のほかに，いまから述べる LU 分解法は非常に有用である．

その方法は，連立 1 次方程式の係数行列を下三角行列と上三角行列の積に分解して解く方法である．正方行列を下三角行列と上三角行列の積で表すことを，その行列を LU 分解するという．

LU 分解による連立 1 次方程式の解法を，次の具体例で説明しよう．

【例題 2.13】 次の連立 1 次方程式を解け．

$$\begin{bmatrix} 2 & -4 & 6 \\ -1 & 7 & -8 \\ 1 & 1 & -2 \end{bmatrix} \begin{bmatrix} x_1 \\ x_2 \\ x_3 \end{bmatrix} = \begin{bmatrix} 5 \\ -3 \\ 2 \end{bmatrix} \tag{2.12}$$

【解】 係数行列を A，未知数ベクトルを $\boldsymbol{x}$，右辺のベクトルを $\boldsymbol{b}$ とおくと，

$$A\boldsymbol{x} = \boldsymbol{b} \tag{2.13}$$

となる．行列 A は，次のように下三角行列と上三角行列の積に分解できる．

$$\begin{bmatrix} 2 & -4 & 6 \\ -1 & 7 & -8 \\ 1 & 1 & -2 \end{bmatrix} = \begin{bmatrix} 2 & 0 & 0 \\ -1 & 5 & 0 \\ 1 & 3 & -2 \end{bmatrix} \begin{bmatrix} 1 & -2 & 3 \\ 0 & 1 & -1 \\ 0 & 0 & 1 \end{bmatrix}$$

（確かめよ．分解の方法はあとで述べる）

右辺の行列を左から順に L, U で表すと，$A = LU$ となるから式 (2.13) は，

$$LU\boldsymbol{x} = \boldsymbol{b} \tag{2.14}$$

と書ける．いま，$U\boldsymbol{x} = \boldsymbol{y} = {}^t[y_1, \ y_2, \ y_3]$ とおくと，式 (2.14) は，

32 ■ 第 2 章 連立 1 次方程式

$$Ly = b \quad \text{すなわち,} \quad \begin{cases} 2y_1 & = 5 \\ -y_1 + 5y_2 & = -3 \\ y_1 + 3y_2 - 2y_3 = 2 \end{cases} \tag{2.15}$$

$$Ux = y \quad \text{すなわち,} \quad \begin{cases} x_1 - 2x_2 + 3x_3 = y_1 \\ x_2 - x_3 = y_2 \\ x_3 = y_3 \end{cases} \tag{2.16}$$

の二つの連立 1 次方程式に分解される.

まず,式 (2.15) より y を求め,次に,式 (2.16) より解 x を求める.式 (2.15) は下三角型連立方程式だから,2.2 節で示した方法でただちに解ける.$y_1 = 2.5$, $y_2 = -0.1$, $y_3 = 0.1$ である.これで,$y = {}^t[y_1, \ y_2, \ y_3]$ が既知となるから,式 (2.16) の右辺にこの y を代入すれば,式 (2.16) は上三角型連立方程式となり,$x_1 = 2.2$, $x_2 = 0$, $x_3 = 0.1$ が得られる.

上の例からわかるように,係数行列が LU 分解されていれば,連立 1 次方程式は容易に解くことができる.そして,この LU 分解に要する手間は逆行列を求める手間よりずっと少なくてすむ.

それでは行列を LU 分解する方法について考えよう.実は,LU 分解はガウスの消去法と密接な関係がある.そのことを明らかにしよう.

まず,次の連立方程式を例にとって説明する.

$$\begin{bmatrix} 2 & -4 & 6 \\ -1 & 3 & -4 \\ 1 & 1 & -2 \end{bmatrix} \begin{bmatrix} x \\ y \\ z \end{bmatrix} = \begin{bmatrix} 5 \\ -3 \\ 2 \end{bmatrix}$$

係数行列を A,右辺の列ベクトルを b として,

$$A_0 = \begin{bmatrix} A & b \end{bmatrix} = \begin{bmatrix} 2 & -4 & 6 & 5 \\ -1 & 3 & -4 & -3 \\ 1 & 1 & -2 & 2 \end{bmatrix}$$

とおく.また,3 次の単位行列 E の第 1 列を,A_0 の第 1 列で取り替えてできる行列を B_1 とおく.すなわち,

$$E = \begin{bmatrix} 1 & 0 & 0 \\ 0 & 1 & 0 \\ 0 & 0 & 1 \end{bmatrix} \quad \rightarrow \quad B_1 = \begin{bmatrix} 2 & 0 & 0 \\ -1 & 1 & 0 \\ 1 & 0 & 1 \end{bmatrix}$$

である.A_0 を $(1, \ 1)$ 成分を軸としてその下を掃き出すと,

$$A_1 = \begin{bmatrix} 1 & -2 & 3 & 2.5 \\ 0 & 1 & -1 & -0.5 \\ 0 & 3 & -5 & -0.5 \end{bmatrix}$$

となり，このとき A_0 と A_1 の間には，

$$A_0 = B_1 A_1 \tag{2.17}$$

が成り立つ．事実，右辺の積を実際に計算すると，次のようになる．

$$\begin{bmatrix} 2 & 0 & 0 \\ -1 & 1 & 0 \\ 1 & 0 & 1 \end{bmatrix} \begin{bmatrix} 1 & -2 & 3 & 2.5 \\ 0 & 1 & -1 & -0.5 \\ 0 & 3 & -5 & -0.5 \end{bmatrix} = \begin{bmatrix} 2 & -4 & 6 & 5 \\ -1 & 3 & -4 & -3 \\ 1 & 1 & -2 & 2 \end{bmatrix}$$

次に，3次の単位行列 E の第2列を，A_1 の第2列の対角成分以下と取り替えてできる行列を B_2 とする．すなわち，

$$E = \begin{bmatrix} 1 & 0 & 0 \\ 0 & 1 & 0 \\ 0 & 0 & 1 \end{bmatrix} \quad \rightarrow \quad B_2 = \begin{bmatrix} 1 & 0 & 0 \\ 0 & 1 & 0 \\ 0 & 3 & 1 \end{bmatrix}$$

である．A_1 を $(2, 2)$ 成分を軸としてその下を掃き出すと，

$$A_2 = \begin{bmatrix} 1 & -2 & 3 & 2.5 \\ 0 & 1 & -1 & -0.5 \\ 0 & 0 & -2 & 1 \end{bmatrix}$$

となり，A_1 と A_2 の間には，式 (2.17) と同様に次の等式が成り立つ (確かめよ)．

$$A_1 = B_2 A_2 \tag{2.18}$$

さらに，3次の単位行列 E の第3列を，A_2 の第3列の対角成分以下と取り替えてできる行列を B_3 とおく．すなわち，

$$E = \begin{bmatrix} 1 & 0 & 0 \\ 0 & 1 & 0 \\ 0 & 0 & 1 \end{bmatrix} \quad \rightarrow \quad B_3 = \begin{bmatrix} 1 & 0 & 0 \\ 0 & 1 & 0 \\ 0 & 0 & -2 \end{bmatrix}$$

である．A_2 を $(3, 3)$ 成分を軸としてその下を掃き出すと，

$$A_3 = \begin{bmatrix} 1 & -2 & 3 & 2.5 \\ 0 & 1 & -1 & -0.5 \\ 0 & 0 & 1 & -0.5 \end{bmatrix}$$

となり，A_2 と A_3 の間には，

$$A_2 = B_3 A_3 \tag{2.19}$$

34 ■ 第 2 章 連立 1 次方程式

が成り立つ.

掃き出し完了時の行列 A_3 の第 1 列, 第 2 列, 第 3 列でできる上三角行列を U, 第 4 列を b', すなわち,

$$U = \begin{bmatrix} 1 & -2 & 3 \\ 0 & 1 & -1 \\ 0 & 0 & 1 \end{bmatrix}, \qquad b' = \begin{bmatrix} 2.5 \\ -0.5 \\ -0.5 \end{bmatrix}$$

とおくと, $A_3 = [\ U \quad b'\ ]$ と書ける. 式 (2.17), (2.18), (2.19) より,

$$A_0 = B_1 B_2 B_3 [\ U \quad b'\ ] \tag{2.20}$$

となる. いま, $L = B_1 B_2 B_3$ とおき, 一般に, 次の非常にきれいな等式

$$\begin{bmatrix} a & 0 & 0 \\ b & 1 & 0 \\ c & 0 & 1 \end{bmatrix} \begin{bmatrix} 1 & 0 & 0 \\ 0 & d & 0 \\ 0 & e & 1 \end{bmatrix} \begin{bmatrix} 1 & 0 & 0 \\ 0 & 1 & 0 \\ 0 & 0 & f \end{bmatrix} = \begin{bmatrix} a & 0 & 0 \\ b & d & 0 \\ c & e & f \end{bmatrix} \tag{2.21}$$

が成り立つことに注意すれば, 次のようになる.

$$L = B_1 B_2 B_3 = \begin{bmatrix} 2 & 0 & 0 \\ -1 & 1 & 0 \\ 1 & 3 & -2 \end{bmatrix}$$

したがって, L は下三角行列であり, 式 (2.20) より,

$$A_0 = L[\ U \quad b'\ ] = [\ LU \quad Lb'\ ]$$

となる. $A_0 = [\ A \quad b\ ]$ だから,

$$[\ A \quad b\ ] = [\ LU \quad Lb'\ ]$$

となり, 両辺の対応する部分の行列を等置して,

$$A = LU, \qquad b = Lb' \tag{2.22}$$

が得られる.

以上のことを見やすくするために, まとめて書くと次のようになる (↓ は対角成分より下の掃き出しを示す).

$$E = \begin{bmatrix} 1 & 0 & 0 \\ 0 & 1 & 0 \\ 0 & 0 & 1 \end{bmatrix}, \qquad A_0 = \begin{bmatrix} 2 & -4 & 6 & 5 \\ -1 & 3 & -4 & -3 \\ 1 & 1 & -2 & 2 \end{bmatrix},$$

$$\downarrow$$

2.7 行列の LU 分解と連立 1 次方程式 ■ 35

$$B_1 = \begin{bmatrix} 2 & 0 & 0 \\ -1 & 1 & 0 \\ 1 & 0 & 1 \end{bmatrix}, \qquad A_1 = \begin{bmatrix} 1 & -2 & 3 & 2.5 \\ 0 & 1 & -1 & -0.5 \\ 0 & 3 & -5 & -0.5 \end{bmatrix},$$

$$\downarrow$$

$$B_2 = \begin{bmatrix} 1 & 0 & 0 \\ 0 & 1 & 0 \\ 0 & 3 & 1 \end{bmatrix}, \qquad A_2 = \begin{bmatrix} 1 & -2 & 3 & 2.5 \\ 0 & 1 & -1 & -0.5 \\ 0 & 0 & -2 & 1 \end{bmatrix},$$

$$\downarrow$$

$$B_3 = \begin{bmatrix} 1 & 0 & 0 \\ 0 & 1 & 0 \\ 0 & 0 & -2 \end{bmatrix}, \qquad A_3 = \begin{bmatrix} 1 & -2 & 3 & 2.5 \\ 0 & 1 & -1 & -0.5 \\ 0 & 0 & 1 & -0.5 \end{bmatrix}$$

$$L = \begin{bmatrix} 2 & 0 & 0 \\ -1 & 1 & 0 \\ 1 & 3 & -2 \end{bmatrix}, \qquad U = \begin{bmatrix} 1 & -2 & 3 \\ 0 & 1 & -1 \\ 0 & 0 & 1 \end{bmatrix}, \ \boldsymbol{b}' = \begin{bmatrix} 2.5 \\ -0.5 \\ -0.5 \end{bmatrix}$$

　式 (2.22) の第 1 式は A の LU 分解を示している．また，$A\boldsymbol{x} = \boldsymbol{b}$ を二つの方程式 $L\boldsymbol{y} = \boldsymbol{b}$ と $U\boldsymbol{x} = \boldsymbol{y}$ に分解したときの $\boldsymbol{y}$ は，式 (2.22) の第 2 式から $\boldsymbol{b}'$ に等しい．したがって，$A\boldsymbol{x} = \boldsymbol{b}$ を解くには $U\boldsymbol{x} = \boldsymbol{b}'$ を解けばよい．

　これより，3 次の行列 A の LU 分解について，次のようにいうことができる．

■ ポイント 2.3　行列の LU 分解

　A を掃き出して，順次 $A \to A_1 \to A_2 \to A_3$ (完了) が得られたとする．このとき，

$$L \text{ の} \begin{cases} 第 1 列は A の第 1 列, \\ 第 2 列は 1 回掃き出した A_1 の第 2 列の対角成分以下, \\ 第 3 列は 2 回掃き出した A_2 の第 3 列の対角成分以下, \end{cases}$$

となる．また，

　　U は掃き出しが完了したときの行列 A_3 に等しい．

　以上，ガウスの消去法と LU 分解との関連について，3 次の行列を例にとって説明したが，一般の n 次の行列の LU 分解，および n 次の係数行列をもつ連立 1 次方程式の LU 分解による解法も，まったく同様に行うことができる．

【例題 2.14】 次の連立1次方程式を LU 分解法で解け．
$$\begin{cases} 2x - 3y + 4z = 1 \\ -3x + 7y - z = -2 \\ 4x - 3y + 9z = 3 \end{cases}$$

【解】 拡大係数行列を掃き出していく．

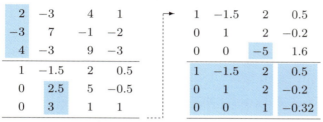

よって，
$$L = \begin{bmatrix} 2 & 0 & 0 \\ -3 & 2.5 & 0 \\ 4 & 3 & -5 \end{bmatrix}, U = \begin{bmatrix} 1 & -1.5 & 2 \\ 0 & 1 & 2 \\ 0 & 0 & 1 \end{bmatrix}, \boldsymbol{b}' = \begin{bmatrix} 0.5 \\ -0.2 \\ -0.32 \end{bmatrix}$$

となる．したがって，$U\boldsymbol{x} = \boldsymbol{b}'$ より次のようになる．

$$\begin{bmatrix} 1 & -1.5 & 2 \\ 0 & 1 & 2 \\ 0 & 0 & 1 \end{bmatrix} \begin{bmatrix} x \\ y \\ z \end{bmatrix} = \begin{bmatrix} 0.5 \\ -0.2 \\ -0.32 \end{bmatrix} \quad \therefore \quad \begin{bmatrix} x \\ y \\ z \end{bmatrix} = \begin{bmatrix} 1.8 \\ 0.44 \\ -0.32 \end{bmatrix}$$

LU 分解はいつでもできるとは限らないが，しかし，次のような一つの十分条件が知られている．

行列のすべての首座小行列の行列式が 0 でないならば，その行列は LU 分解できる．また，そのとき，上三角行列の対角成分をすべて 1 にとれば，その分解は一意に定まる．

ここに，首座小行列とは，n 次の正方行列において，第 1 行第 1 列から第 k 行第 k 列 $(1 \leqq k \leqq n)$ までの成分でできる k 次の正方行列のことである．これを k 次の首座小行列という．たとえば，

$$A = \begin{bmatrix} 2 & 4 & -10 \\ 1 & 6 & 7 \\ 3 & 5 & -13 \end{bmatrix} \text{のとき，} [\,2\,], \begin{bmatrix} 2 & 4 \\ 1 & 6 \end{bmatrix}, \begin{bmatrix} 2 & 4 & -10 \\ 1 & 6 & 7 \\ 3 & 5 & -13 \end{bmatrix}$$

が順に 1 次，2 次，3 次の首座小行列である．

この A の首座小行列の行列式はどれも 0 でないから，上の十分条件によれば A は LU 分解できる．事実，次のように分解される．

$$\begin{bmatrix} 2 & 4 & -10 \\ 1 & 6 & 7 \\ 3 & 5 & -13 \end{bmatrix} = \begin{bmatrix} 2 & 0 & 0 \\ 1 & 4 & 0 \\ 3 & -1 & 5 \end{bmatrix} \begin{bmatrix} 1 & 2 & -5 \\ 0 & 1 & 3 \\ 0 & 0 & 1 \end{bmatrix}$$

ところで，LU 分解を求めるのにガウスの消去法を用いるぐらいなら，初めから連立方程式をガウスの消去法で解けばよいように思える．たしかに，唯一つの連立方程式を解くだけなら，LU 分解して解くのとガウスの消去法で解くのとはまったく同じことである．しかし，係数行列が同一で右辺だけが異なる連立方程式を，時間をおいていくつも解かなければならないようなときは，係数行列を LU 分解して，それを保存しておいて解くほうがずっと有利である．

行列 A が LU 分解されているときは，その行列式 $|A|$ の値も容易に求められる．それは次のようにすればよい．

$$|A| = |LU| = |L||U|$$

L, U は三角行列だから，$|L|$, $|U|$ の値は対角成分の積に等しい．ゆえに，L の対角成分を $l_{11}, l_{22}, l_{33}, \cdots, l_{nn}$ とすれば，

$$|L| = l_{11}l_{22}l_{33} \cdots l_{nn}, \quad |U| = 1$$

となる．したがって，次の等式が成り立つ．

$$|A| = l_{11}l_{22}l_{33} \cdots l_{nn}, \quad (L \text{ の対角成分の積})$$

ガウスの消去法による LU 分解をプログラム 2.3 にあげておこう．

プログラム 2.3

```
1  /****************************************************/
2  /*     ガウスの消去法によるLU分解      gauss_lu.c   */
3  /****************************************************/
4  #include <stdio.h>
5  #include <math.h>
6  #define      N       8
7  int main(void)
8  {    int           i, j, n, k;
9       static double p, q, s, a[N][N], l[N][N], u[N][N];
10      char          z, zz;
11      /*** 行列の入力 ***/
12      while( 1 ) {
13          printf("ガウスの消去法によるLU分解 \n");
14          printf("行列の次数の入力 (1<n<7) n = ");
15          scanf("%d%c",&n,&zz);
16          if((n <= 1) || (7 <= n))   continue;
17          printf("\n行列Aの成分を入力します \n\n");
18          for(i=1; i<=n; i++) {
19              for(j=1; j<=n; j++) {
20                  printf("a( %d , %d )= ",i,j);
```

38 ■ 第2章 連立1次方程式

```
21              scanf("%lf%c",&a[i][j],&zz);
22          }
23          printf("\n");
24      }
25      printf("正しく入力しましたか？(y/n) ");
26      scanf("%c%c",&z,&zz);
27      if(z == 'y')    break;
28  }
29  /*** 入力された係数の表示 ***/
30  printf("入力された行列A:\n");
31  for(i=1; i<=n; i++) {
32      for(j=1; j<=n; j++) {
33          printf(" %10.6lf",a[i][j]);
34      }
35      printf("\n");
36  }
37  /*** ガウスの消去法による下三角行列への掃き出し***/
38  for(i=1; i<=n; i++) {
39      p = a[i][i];
40      if(fabs(p) < 1.0e-6) {
41          printf("この行列はLU分解できません．\n");
42          exit(-1);
43      }
44      for(j=i; j<=n+1; j++) {
45          l[j][i] = a[j][i];
46          a[i][j] = a[i][j] / p;
47      }
48      for(k=i+1; k<=n; k++) {
49          q = a[k][i];
50          for(j=i; j<=n+1; j++)
51             { a[k][j] = a[k][j] - a[i][j] * q; }
52      }
53      for(j=i; j<=n; j++)
54         { u[i][j] = a[i][j];  }
55  }
56  /*** 下三角行列Lの表示 ***/
57  printf("\n下三角行列L:\n");
58  for(i=1; i<=n; i++) {
59      for(j=1; j<=n; j++)
60         { printf(" %10.6lf",l[i][j]); }
61      printf("\n");
62  }
63  /*** 上三角行列Uの表示 ***/
64  printf("\n上三角行列U:\n");
65  for(i=1; i<=n; i++) {
66      for(j=1; j<=n; j++)
67         { printf(" %10.6lf",u[i][j]);  }
68      printf("\n");
69  }
```

```
70        return 0;
71  }
```

実際に，行列の LU 分解を求めたり，LU 分解して連立方程式を解くには，次のような**重ね書きの方法**で行えばよい.

【例題 2.15】 次の連立 1 次方程式を解け.

$$\begin{bmatrix} 2 & 8 & 2 & -3 \\ 4 & 6 & -2 & -1 \\ 2 & -4 & -2 & -1 \\ 1 & -5 & 2 & 1 \end{bmatrix} \begin{bmatrix} x \\ y \\ z \\ u \end{bmatrix} = \begin{bmatrix} 2 \\ 0 \\ -1 \\ 3 \end{bmatrix}$$

【解】 次のようにするとスペースの節約になる.

2	8	2	−3	2
4	6	−2	−1	0
2	−4	−2	−1	−1
1	−5	2	1	3

1	4	1	−1.5	1
4	6−16	−2−4	−1+6	0−4
2	−4−8	−2−2	−1+3	−1−2
1	−5−4	2−1	1+1.5	3−1

重ね書き

	−10	−6	5	−4
	−12	−4	2	−3
	−9	1	2.5	2

	1	0.6	−0.5	0.4
	−12	−4+7.2	2−6	−3+4.8
	−9	1+5.4	2.5−4.5	2+3.6

重ね書き

		3.2	−4	1.8
		6.4	−2	5.6

		1	−1.25	0.5625
		6.4	−2+8	5.6−3.6

重ね書き

			6	2
			1	0.33333

40 ■ 第 2 章 連立 1 次方程式

$$L = \begin{bmatrix} 2 & 0 & 0 & 0 \\ 4 & -10 & 0 & 0 \\ 2 & -12 & 3.2 & 0 \\ 1 & -9 & 6.4 & 6 \end{bmatrix},$$

$$[\; U \quad \boldsymbol{b} \;] = \begin{bmatrix} 1 & 4 & 1 & -1.5 & 1 \\ 0 & 1 & 0.6 & -0.5 & 0.4 \\ 0 & 0 & 1 & -1.25 & 0.5625 \\ 0 & 0 & 0 & 1 & 0.33333 \end{bmatrix}$$

$$\boldsymbol{b}' = {}^t[1,\ 0.4,\ 0.5625,\ 0.33333]$$

この U と $\boldsymbol{b}'$ に対して，$U\boldsymbol{x} = \boldsymbol{b}'$ が成り立つから，これを解いて，

$$u = 0.33333,\ z = 0.97917,\ y = -0.02084,\ x = 0.60419$$

を得る．

【注意】 係数行列の LU 分解だけが必要なときは，上の例で最後の列を省いて計算すればよい．

▶▶▶ 演習問題 2

2.1 式 (2.4)，(2.5) にならって，対角成分が 1 の下三角型連立 1 次方程式の一般形を書き，その解を表せ．

2.2 次の連立方程式をガウスの消去法で解け．

(1) $\begin{cases} 2x - 4y + 6z = 1 \\ -\ x + 7y - 8z = 0 \\ x +\ y - 2z = 3 \end{cases}$
(2) $\begin{cases} 2x + 8y + 2z - 3w =\ \ 2 \\ 4x + 6y - 2z -\ w =\ \ 1 \\ 2x - 4y - 2z -\ w =\ \ 3 \\ x - 5y + 2z +\ w = -2 \end{cases}$

(3) $\begin{cases} 2x + 7y -\ \ z + 5u - 3w =\ \ \ 6 \\ x - 4y +\ 2z -\ u + 6w =\ \ \ 1 \\ 3x +\ y -\ 9z - 2u +\ w = -\ 2 \\ 10x - 2y -\ 5z + 8u - 7w =\ \ \ 4 \\ -\ 4x + 3y + 12z - 4u - 2w = -10 \end{cases}$

2.3 次の連立方程式をガウス・ジョルダン法で解け．

(1) $\begin{cases} x + 3y - 2z = 2 \\ 3x - 2y + z = 0 \\ 2x + y - 3z = 1 \end{cases}$ (2) $\begin{cases} -3y + 2z + u = 7 \\ 3x + 2y - 3z = -1 \\ x + 2y - 3z + 2u = 3 \\ -3x + 4y + z + 2u = 9 \end{cases}$

2.4 ガウスの消去法 (プログラム 2.2) にならって, ガウス・ジョルダン法のプログラムを作れ.

2.5 次の行列の逆行列を求めよ.

(1) $\begin{bmatrix} 1 & 0 & 1 \\ 2 & 1 & 0 \\ 3 & 1 & 2 \end{bmatrix}$ (2) $\begin{bmatrix} 1 & 2 & 0 \\ -1 & -3 & 0 \\ 0 & -1 & 1 \end{bmatrix}$ (3) $\begin{bmatrix} 1 & -2 & 1 \\ 2 & -5 & -2 \\ -3 & 5 & -8 \end{bmatrix}$

2.6 上の 2.4 で作成したプログラムを修正して, 逆行列を求めるプログラムを作れ.

2.7 次の連立方程式について,【例題 2.5, 2.6】にならって解け.

(1) $\begin{cases} x + y - z = 0 \\ 5x + 2y - 6z = 0 \\ 4x + y - 5z = 0 \end{cases}$ (2) $\begin{cases} 2x - 2y - z = 0 \\ x - 3y - 2z = 0 \\ 6x + 2y + 3z = 0 \end{cases}$ (3) $\begin{cases} x + 2y - 2z = 0 \\ 2x - 2y + 2z = 0 \\ x + 6y - 6z = 0 \end{cases}$

2.8 次の連立方程式について,【例題 2.8, 2.9】と同様に, どのような解をもつか調べよ.

(1) $\begin{cases} 2x + y - 4z + 5u = -1 \\ 3x + y - 2z + u = 3 \end{cases}$ (2) $\begin{cases} 2x - 6y + 4z = 0 \\ -x + 3y - 2z = 0 \\ 3x - 9y + 6z = 0 \end{cases}$

(3) $\begin{cases} x + y - z = 2 \\ 5x + 2y - 6z = 5 \\ 4x + y - 5z = 3 \end{cases}$ (4) $\begin{cases} 2x - 2y - z = -12 \\ x - 3y - 2z = -19 \\ 6x + 2y + 3z = 16 \end{cases}$

(5) $\begin{cases} x + 2y - 2z = 2 \\ 2x - 2y + 2z = 3 \\ x + 6y - 6z = -1 \end{cases}$ (6) $\begin{cases} x + y + z = -1 \\ 2x + y - 2z = 3 \\ x - y + 2z = 0 \\ 3x - y + 2z = 2 \\ x + y - 2z = 2 \end{cases}$

(7) $\begin{cases} x_1 + 2x_2 \quad - x_4 \quad + x_6 - 7x_7 = 4 \\ x_1 + 3x_2 - x_3 + 3x_4 + 2x_5 \quad + 3x_7 = 3 \\ 3x_1 + 7x_2 + x_3 + 2x_4 + 4x_5 + 3x_6 - 6x_7 = 13 \\ x_1 + 2x_2 \quad + x_4 + 4x_5 + 3x_6 - 11x_7 = 20 \end{cases}$

2.9 ある会社で3種類の原料 P, Q, R を用いて, 3種類の製品 A, B, C を製造している. 製品 A を 1 kg 作るのに, 原料が P は 1 kg, Q は 1 kg, R は 2 kg, 製品 B を 1 kg 作るのに, 原料が P は 2 kg, Q は 3 kg, R は 2 kg, 製品 C を 1 kg 作るのに, 原料が P は 1 kg, Q は 2 kg, R は 3 kg 必要であるという. また, 製品 A, B, C を 1 kg 作って得られる利益は, それぞれ 2 万円, 2.5 万円, 3 万円である. ところが, 原料の入手量には制限があり,

42 ■ 第 2 章 連立 1 次方程式

原料 P, Q, R はそれぞれ 6 kg, 8 kg, 13 kg までしか入手できないという. 利益を最大にするには, 製品 A, B, C をそれぞれ何 kg 作ればよいか.

2.10 次の行列を LU 分解せよ. また, その行列の行列式の値を求めよ.

(1) $\begin{bmatrix} 2 & 6 & 8 \\ -1 & 1 & -12 \\ 3 & 10 & 5 \end{bmatrix}$ (2) $\begin{bmatrix} 2 & 4 & 0 \\ -3 & -2 & 12 \\ 1 & -3 & -14 \end{bmatrix}$ (3) $\begin{bmatrix} 2 & -6 & 10 \\ -1 & 7 & 3 \\ 3 & -11 & 12 \end{bmatrix}$

2.11 4 次の行列について, 式 (2.21) と同様な等式を書き下し, それを確かめよ.

2.12 連立 1 次方程式を LU 分解によって解くプログラムを作れ.

2.13 プログラム 2.3 を用いて次の行列を LU 分解せよ. また, その結果から行列式の値を求めよ.

(1) $\begin{bmatrix} 3 & -6 & 3 & 9 \\ 1 & 0 & 7 & -5 \\ -1 & 6 & 7 & -9 \\ 0 & 2 & 2 & 6 \end{bmatrix}$ (2) $\begin{bmatrix} 3 & 1.5 & -6 & 4.8 \\ 1 & 1.5 & -2 & -2.4 \\ 0 & -1.5 & -2 & -1 \\ 2 & 4 & -1.8 & -0.6 \end{bmatrix}$

2.14 上の 2.13 の (1), (2) の行列を係数行列とし, 次の列ベクトルを右辺のベクトルとする連立方程式を, 2.13 の LU 分解の結果を用いて解け.

(1) ${}^t[6, 6, -4, -10]$ (2) ${}^t[1.2, 0.6, -2.4, 0]$

第3章 補間法

　変数 x の変化にともなって変数 y が変化するとき，その両者の関係を調べるために，x のいくつかの値に対する y の値を何らかの方法 (実験，実測，観測，数表等) によって求め，そのデータをもとにして，データの間の任意の点 x における y の値を推定する方法を**補間法**という．ここでは，ラグランジュの補間法およびニュートンの補間法について述べる．

3.1　ラグランジュの補間法

　次のいくつかの例をとおして，ラグランジュの補間法について，その考え方や記号などを理解し，実際に適用してみよう．

【例題 3.1】 変数 x, y の間に関数関係があり，$x = 1$ のとき $y = 1$，$x = 3$ のとき $y = 2$，$x = 4$ のとき $y = 5$ であるという (図 3.1)．y を x の 2 次関数と考えて，$x = 2$ のときの y の値を求めよ．

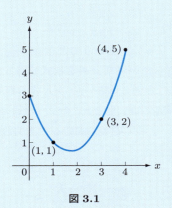

図 3.1

【解1】 まず，誰もが考える方法で解いてみよう．
　求める 2 次関数を $y = ax^2 + bx + c$ とおく．x, y の条件より，
$$\begin{cases} a + b + c = 1 \\ 9a + 3b + c = 2 \\ 16a + 4b + c = 5 \end{cases}$$

44 ■ 第3章　補間法

となる．これを解くと (実際に解くのは手間がかかる)，

$$a = \frac{5}{6}, \quad b = -\frac{17}{6}, \quad c = 3$$

すなわち，$y = (5/6)x^2 - (17/6)x + 3$ となる．したがって，$x = 2$ のとき $y = 2/3$ が得られる．

　データの個数が多いときは上と同様な解法よりも，データから直接所要の関数を書き下す次のラグランジュの方法が効率的である．その方法は見かけは煩雑に見えるが一般性があり，コンピュータ向きの方法である．それについて説明しよう．

　a, b, c, y_1, y_2, y_3 を定数とし，a, b, c は互いに異なるとする．いま，x の1次式 $y = \dfrac{x - b}{a - b} y_1$ を考えると，$x = a$ のとき $y = y_1$，$x = b$ のとき $y = 0$ である．また，

$$y = \frac{x - b}{a - b} y_1 + \frac{x - a}{b - a} y_2 \tag{3.1}$$

を考えると，$x = a$ のとき $y = y_1$，$x = b$ のとき $y = y_2$ であり，x の係数の和が0でない限りこれも x の1次式である．

　したがって，式 (3.1) は2点 (a, y_1)，(b, y_2) を通る (高々) 1次式を表している．

　今度は $y = \dfrac{(x - b)(x - c)}{(a - b)(a - c)} y_1$ を考えてみよう．$x = a$ のとき $y = y_1$，$x = b$ および $x = c$ のとき $y = 0$ である．したがって，次の式

$$y = \frac{(x - b)(x - c)}{(a - b)(a - c)} y_1 + \frac{(x - c)(x - a)}{(b - c)(b - a)} y_2 + \frac{(x - a)(x - b)}{(c - a)(c - b)} y_3 \tag{3.2}$$

を考えると，$x = a$ のとき $y = y_1$，$x = b$ のとき $y = y_2$，$x = c$ のとき $y = y_3$ であり，x^2 の係数の和が0にならない限り x の2次式である．したがって，式 (3.2) は3点 (a, y_1)，(b, y_2)，(c, y_3) を通る (高々) 2次式である．

　以上より，これらの式の構造の面白さと，このような式のよさがわかったことと思う．

　この考えを【例題 3.1】に適用すると，求める2次関数は，一気に書き下せる．

【解2】 求める2次関数は，

$$y = \frac{(x - 3)(x - 4)}{(1 - 3)(1 - 4)} \cdot 1 + \frac{(x - 4)(x - 1)}{(3 - 4)(3 - 1)} \cdot 2 + \frac{(x - 1)(x - 3)}{(4 - 1)(4 - 3)} \cdot 5 \tag{3.3}$$

と書ける．したがって，$x = 2$ のときの y の値は，上式に代入して，

$$y = \frac{(2 - 3)(2 - 4)}{(1 - 3)(1 - 4)} \cdot 1 + \frac{(2 - 4)(2 - 1)}{(3 - 4)(3 - 1)} \cdot 2 + \frac{(2 - 1)(2 - 3)}{(4 - 1)(4 - 3)} \cdot 5 = \frac{2}{3}$$

となる．また，もし式 (3.3) の同類項をまとめた式が必要ならば，整理して，

$$y = \frac{5}{6} x^2 - \frac{17}{6} x + 3$$

が得られる.

　この方法だと，データの個数が増えてもまったく同様な形で式を書き下すことができる．ただ，式が長くなるので，簡単に表現するため，総乗記号 $\prod$ を導入しよう.

　一般に，$a_0, a_1, \cdots, a_n$ の積を $\displaystyle\prod_{j=0}^{n} a_j$ で表す．たとえば，$(x-x_0)$，$(x-x_1)$，$(x-x_2)$，$(x-x_3)$ の積は $\displaystyle\prod_{j=0}^{3}(x-x_j)$ で，$\dfrac{x-x_0}{x_1-x_0}$，$\dfrac{x-x_2}{x_1-x_2}$，$\dfrac{x-x_3}{x_1-x_3}$ の積は $\displaystyle\prod_{\substack{j=0 \\ j\neq 1}}^{3} \dfrac{x-x_j}{x_1-x_j}$ で表される.

　いま，n と $x_0, x_1, \cdots, x_n$ が指定されたとき，$L_k(x)$ を次の式で定める.

$$L_k(x) = \prod_{\substack{j=0 \\ j\neq k}}^{n} \frac{x-x_j}{x_k-x_j}, \quad (k=0,1,\cdots,n)$$

【例題 3.2】　(1)　$n=3$ のとき，$L_2(x)$ を書き下せ.
　　　　　　(2)　$n=4$ のとき，$L_3(x)$ を書き下せ.

【解】　(1)　$\displaystyle L_2(x) = \prod_{\substack{j=0 \\ j\neq 2}}^{3} \frac{x-x_j}{x_2-x_j} = \frac{(x-x_0)(x-x_1)(x-x_3)}{(x_2-x_0)(x_2-x_1)(x_2-x_3)}$

　　　(2)　$\displaystyle L_3(x) = \prod_{\substack{j=0 \\ j\neq 3}}^{4} \frac{x-x_j}{x_3-x_j} = \frac{(x-x_0)(x-x_1)(x-x_2)(x-x_4)}{(x_3-x_0)(x_3-x_1)(x_3-x_2)(x_3-x_4)}$

　この記号 $L_k(x)$ を用いると，式 (3.3) は

$$y = \sum_{k=0}^{2} L_k(x) y_k$$

と書ける．$y_0=1$，$y_1=2$，$y_2=5$ だから，$\sum$ 記号を使わずに書けば，

$$y = L_0(x) + L_1(x) \cdot 2 + L_2(x) \cdot 5$$

となる.

　$L_k(x)$ は x の n 次の多項式であり，次の顕著な性質をもっている.

$$L_k(x_k) = 1, \ L_k(x_j) = 0, \quad (j \neq k)$$

この性質より，次の**ラグランジュ (Lagrange) の補間多項式**が得られる.

■ ポイント 3.1　ラグランジュの補間多項式

$n+1$ 個の点 $(x_j,\ y_j)$，$(j=0,1,\cdots,n)$ を通る高々 n 次の多項式 $L(x)$ は，次の

46 ■ 第3章　補間法

式で表される.

$$L(x) = \sum_{k=0}^{n} L_k(x) \cdot y_k$$

$$\text{ただし,}\quad L_k(x) = \prod_{\substack{j=0 \\ j \neq k}}^{n} \frac{x - x_j}{x_k - x_j}, \quad (k = 0, 1, 2, \cdots, n)$$

ここで，補間多項式という用語を用いたが，それは次の意味である.

関数 $y = f(x)$ において，x の値 $x_0, x_1, \cdots, x_n$ における関数の値 $f_0, f_1, \cdots, f_n$ を考え，$n+1$ 個の点 $(x_0, f_0), (x_1, f_1), \cdots, (x_n, f_n)$ を通る高々 n 次の多項式を，$x_0, x_1, \cdots, x_n$ を補間点とする $f(x)$ の補間多項式という．補間多項式の表現の仕方は唯一通りではなく，いろいろ考えられる．上のラグランジュの補間多項式はその一つの表し方である.

【例題 3.3】　次の関数表より $f(x)$ を補間多項式で補間して，$f(0.5)$ を求めよ．また，補間多項式を求めよ.

x	-1	0	1	2
$f(x)$	1	-0.5	-1	4

【解】　上の公式より，$f(x)$ のラグランジュの補間多項式 $L(x)$ は，

$$L(x) = \sum_{k=0}^{3} L_k(x)y_k$$

$$= L_0(x)y_0 + L_1(x)y_1 + L_2(x)y_2 + L_3(x)y_3$$

$$= \frac{(x-0)(x-1)(x-2)}{(-1-0)(-1-1)(-1-2)} \cdot 1 + \frac{(x+1)(x-1)(x-2)}{(0+1)(0-1)(0-2)} \cdot (-0.5)$$

$$+ \frac{(x+1)(x-0)(x-2)}{(1+1)(1-0)(1-2)} \cdot (-1) + \frac{(x+1)(x-0)(x-1)}{(2+1)(2-0)(2-1)} \cdot 4$$

となる．したがって，

$$L(0.5) = \frac{0.5(-0.5)(-1.5)}{(-1)(-2)(-3)} + \frac{1.5(-0.5)(-1.5)}{1(-1)(-2)} \cdot (-0.5)$$

$$+ \frac{1.5(0.5)(-1.5)}{2 \cdot 1 \cdot (-1)} \cdot (-1) + \frac{1.5(0.5)(-0.5)}{3 \cdot 2 \cdot 1} \cdot 4$$

$$= -0.0625 - 0.28125 - 0.5625 - 0.25 = -1.15625$$

よって，$f(0.5) \fallingdotseq -1.156$ となる.

また，上の $L(x)$ の式を展開して整理すれば，次のようになる.

$$L(x) = \frac{1}{4}(3x^3 + 2x^2 - 7x - 2)$$

【例題 3.4】 変数 x, y の間に，次の数表の関係が得られている．これにラグランジュの補間多項式を適用して，$y = 0$ となる x の値を求めよ．

x	1.0	1.3	1.6	2.0
y	-0.403	-0.158	0.896	1.513

【解】 このようなときは，x を y の関数とみなして，x を y の補間多項式で近似し，$y = 0$ のときの x の値を求める．上の数表で x, y の欄を入れ替えた次の数表を作ろう．

y	-0.403	-0.158	0.896	1.513
x	1.0	1.3	1.6	2.0

これから x を y の関数とみてラグランジュの補間多項式を求め，$y = 0$ とおけば，

$$
\begin{aligned}
x =\ & \frac{(0 + 0.158)(0 - 0.896)(0 - 1.513)}{(-0.403 + 0.158)(-0.403 - 0.896)(-0.403 - 1.513)} \cdot 1.0 \\
& + \frac{(0 + 0.403)(0 - 0.896)(0 - 1.513)}{(-0.158 + 0.403)(-0.158 - 0.896)(-0.158 - 1.513)} \cdot 1.3 \\
& + \frac{(0 + 0.403)(0 + 0.158)(0 - 1.513)}{(0.896 + 0.403)(0.896 + 0.158)(0.896 - 1.513)} \cdot 1.6 \\
& + \frac{(0 + 0.403)(0 + 0.158)(0 - 0.896)}{(1.513 + 0.403)(1.513 + 0.158)(1.513 - 0.896)} \cdot 2.0 \\
=\ & -0.351264 + 1.645933 + 0.182468 - 0.057762 \\
=\ & 1.419375 \fallingdotseq 1.4194
\end{aligned}
$$

となる．この例のような考え方を逆補間という．

ラグランジュの補間多項式をプログラム 3.1 にあげておこう．

プログラム 3.1

```
1  /******************************************************/
2  /*         ラ グ ラ ン ジ ュ の 補 間 多 項 式         laghkn.c      */
3  /******************************************************/
4  #include <stdio.h>
5  #define    N       11
6  int main(void)
7  {    int     i, j, k, n;
8       double  seki, xx, s, x[N], y[N];
```

48 ■ 第3章　補間法

```
9      char    z, zz;
10     while( 1 ){
11         printf("ラグランジュの補間多項式 \n");
12         printf("補間点の個数を入力してください(1<n<10)n=");
13         scanf("%d%c",&n,&zz);
14         if((n<=1) || (10<=n))  continue;
15         printf("\n補間点の座標を入力してください. \n");
16         for(i=1; i<=n; i++) {
17             printf(" x(%d)= ",i);
18             scanf("%lf%c",&x[i],&zz);
19             printf(" y(%d)= ",i);
20             scanf("%lf%c",&y[i],&zz);
21         }
22         printf("\n正しく入力しましたか？(y/n) ");
23         scanf("%c%c",&z,&zz);
24         if(z == 'y')    break;
25     }
26     printf("\n指定する点は？  x =");
27     scanf("%lf%c",&xx,&zz);
28     s = 0.0;
29     /***  ∑Lk(x)の計算  ***/
30     for(k=1; k<=n; k++) {
31         seki = 1.0;
32         /*** Lk(x)の計算 ***/
33         for(j=1; j<=n; j++) {
34             if(j != k) {
35                 seki *= (xx-x[j]) / (x[k]-x[j]);
36             }
37         }
38         s += seki * y[k];
39     }
40     printf("\nx=%10.6lfにおける値 y=%10.6lf\n",xx,s);
41     return 0;
42 }
```

3.2　差商とニュートンの差商公式

　関数の変化率の考えを用いて補間しようとするのが，ニュートンの差商公式である.

　関数 $f(x)$ について，補間点 $x_0, x_1, \cdots, x_n$ における関数値を $f_0, f_1, \cdots, f_n$ とする．補間点の近くの点 x における関数の値 $f(x)$ の近似値を，これらのデータから求めよう.

　変数 x が点 x から点 x_0 まで変化したときの，$f(x)$ の平均変化率を $f[x, x_0]$ で表すと，

$$f[x,\ x_0] = \frac{f(x) - f(x_0)}{x - x_0} = \frac{f(x) - f_0}{x - x_0}$$

である．これを点 $x,\ x_0$ に関する $f(x)$ の**第 1 階差商**とよぼう．

たとえば，$f(x) = x^2 - 3x$ のとき，

$$f[1,\ 4] = \frac{f(1) - f(4)}{1 - 4} = 2, \quad f[4,\ 5] = \frac{f(4) - f(5)}{4 - 5} = 6$$

である．最初の等式を変形すると，

$$f(x) = f_0 + (x - x_0)f[x,\ x_0] \tag{3.4}$$

となる．

これは一つの補間点 x_0 を用いて，点 x における関数値 $f(x)$ を点 $x,\ x_0$ に関する $f(x)$ の第 1 階差商を用いて表した式である．

次に補間点 x_1 を追加して，2 点 $x_0,\ x_1$ を用いてみよう．式 (3.4) において，$f[x,\ x_0]$ を $f[x_0,\ x_1]$ で表すことを考える．$f[x,\ x_0]$ は明らかに x の関数であるから，x が x から x_1 まで変化したときの $f[x,\ x_0]$ の平均変化率を $f[x,\ x_0,\ x_1]$ で表せば，

$$f[x,\ x_0,\ x_1] = \frac{f[x,\ x_0] - f[x_1,\ x_0]}{x - x_1}$$

となる．明らかに，$f[x_1,\ x_0] = f[x_0,\ x_1]$ であるから，

$$f[x,\ x_0,\ x_1] = \frac{f[x,\ x_0] - f[x_0,\ x_1]}{x - x_1} \tag{3.5}$$

となる．これは，平均変化率 $f[x,\ x_0]$ の平均変化率，つまり $f(x)$ の 2 次の平均変化率に対応するものとみなせる．これを点 $x,\ x_0,\ x_1$ に関する $f(x)$ の**第 2 階差商**という．たとえば，$f(x) = x^2 - 3x$ のときは，

$$f[1,\ 4,\ 5] = \frac{f[1,\ 4] - f[4,\ 5]}{1 - 5} = \frac{2 - 6}{-4} = 1$$

となる．

式 (3.5) は 2 点に関する第 1 階差商が決まれば定まる値である．式 (3.5) より，

$$f[x,\ x_0] = f[x_0,\ x_1] + (x - x_1)f[x,\ x_0,\ x_1]$$

となり，これを式 (3.4) に代入すると，

$$f(x) = f_0 + (x - x_0)f[x_0,\ x_1] + (x - x_0)(x - x_1)f[x,\ x_0,\ x_1] \tag{3.6}$$

となる．右辺の $f_0 + (x - x_0)f[x_0,\ x_1]$ は x を定めると計算可能な値であるから，これを $f(x)$ の近似値にとれば，誤差 R_1 は

$$R_1 = (x - x_0)(x - x_1)f[x,\ x_0,\ x_1]$$

である．

さらに，補間点 x_2 を追加して，3 点 $x_0,\ x_1,\ x_2$ を用いてみよう．前と同様に，式 (3.6) の $f[x,\ x_0,\ x_1]$ を $f[x_0,\ x_1,\ x_2]$ で表すことを考える．$f[x,\ x_0,\ x_1]$ も x の関数

だから，x が x から x_2 まで変化したときの $f[x, x_0, x_1]$ の平均変化率を，点 x，x_0，x_1，x_2 に関する $f(x)$ の**第 3 階差商**といい，$f[x, x_0, x_1, x_2]$ で表せば，

$$f[x, x_0, x_1, x_2] = \frac{f[x, x_0, x_1] - f[x_2, x_0, x_1]}{x - x_2}$$

ここで，$f[x_2, x_0, x_1] = f[x_0, x_1, x_2]$ が成り立つことに注意すれば (本節末で示す．変数の並びに関係なくすべて相等しくなる)，

$$f[x, x_0, x_1, x_2] = \frac{f[x, x_0, x_1] - f[x_0, x_1, x_2]}{x - x_2}$$

となる．したがって，

$$f[x, x_0, x_1] = f[x_0, x_1, x_2] + (x - x_2)f[x, x_0, x_1, x_2]$$

が成り立つ．これを式 (3.6) に代入して，

$$\begin{aligned} f(x) = f_0 &+ (x - x_0)f[x_0, x_1] + (x - x_0)(x - x_1)f[x_0, x_1, x_2] \\ &+ (x - x_0)(x - x_1)(x - x_2)f[x, x_0, x_1, x_2] \end{aligned} \quad (3.7)$$

と書ける．右辺の第 1 項から第 3 項までは，x を定めると計算可能な値であるから，これを $f(x)$ の近似値にとれば，誤差 R_2 は，

$$R_2 = (x - x_0)(x - x_1)(x - x_2)f[x, x_0, x_1, x_2]$$

となる．

　以下，同様な考えを続けていく．一般に，n 個の点に関する第 $n-1$ 階差商が定義されたとき，$n+1$ 個の点 $x_0, x_1, \cdots, x_n$ に対する $f(x)$ の**第 n 階差商** $f[x_0, x_1, \cdots, x_n]$ を，帰納的に次のように定義する．

$$f[x_0, x_1, \cdots, x_n] = \frac{f[x_0, \cdots, x_{n-1}] - f[x_1, \cdots, x_n]}{x_0 - x_n}$$

　上式の右辺にある $f[x_0, x_1, \cdots, x_{n-1}]$ は，点 $x_0, x_1, \cdots, x_{n-1}$ に対する第 $n-1$ 階差商であり，$f[x_1, x_2, \cdots, x_n]$ は点 $x_1, x_2, \cdots, x_n$ に対する第 $n-1$ 階差商である (変数間のカンマは省略することもある)．

　このように高階差商を順次定義すると，補間点の個数が増えても式 (3.6) や式 (3.7) と同様な式が得られる．これを一般的に表したのが次の公式である．

■ ポイント 3.2　ニュートンの差商公式

　異なる $n+1$ 個の点 $x_0, x_1, \cdots, x_n$ における $f(x)$ の値を，$f_0, f_1, \cdots, f_n$ とする．任意の点 x に対して，次の等式が成り立つ．

$$\begin{aligned} f(x) = f_0 &+ (x - x_0)f[x_0, x_1] + (x - x_0)(x - x_1)f[x_0, x_1, x_2] \\ &+ \cdots + \{(x - x_0)(x - x_1)\cdots(x - x_{n-1})\}f[x_0, x_1, \cdots, x_n] \\ &+ R_n \end{aligned} \quad (3.8)$$

ここに,
$$R_n(x) = \{(x - x_0)(x - x_1) \cdots (x - x_n)\} f[x, x_0, x_1, \cdots, x_n]$$
である.

式 (3.8) の右辺で,R_n の項を省略して得られる x の n 次多項式を $P(x)$ とすれば,$y = P(x)$ は $n + 1$ 個のデータ点を通っている.すなわち,$P(x)$ は $x_0, x_1, \cdots, x_n$ を補間点とする $f(x)$ の補間多項式になっている.

もし,$f(x)$ が補間点 $x_0, x_1, \cdots, x_n$ を含む適当な区間で C^{n+1} 級の関数ならば,R_n は次の形に書ける (証明略).

$$R_n(x) = (x - x_0)(x - x_1) \cdots (x - x_n) \frac{f^{(n+1)}(\xi)}{(n + 1)!} \tag{3.9}$$

ここに,ξ は $x, x_0, x_1, \cdots, x_n$ の中の最小値と最大値の間のある数である.

なお,C^n 級の関数というのは,区間 I で定義された関数 $f(x)$ が I で n 回微分可能で,その n 次導関数が区間 I で連続であるという意味である.

ニュートンの差商公式は,その導き方から明らかなように,補間点を追加してもそれまでの補間式が保存されることに注意しよう.これは,前節のラグランジュ補間と比べて大きな利点である.

各階の差商を定義にもとづいて,第 1 階差商,第 2 階差商,…の順に,

$$f[x_0, x_1] = \frac{f_0 - f_1}{x_0 - x_1}, \qquad f[x_0, x_1, x_2] = \frac{f[x_0, x_1] - f[x_1, x_2]}{x_0 - x_2}$$

$$f[x_1, x_2] = \frac{f_1 - f_2}{x_1 - x_2}, \qquad f[x_1, x_2, x_3] = \frac{f[x_1, x_2] - f[x_2, x_3]}{x_1 - x_3}$$

$$f[x_2, x_3] = \frac{f_2 - f_3}{x_2 - x_3}$$

のように計算する.

それらの値を次の表 3.1 に示すように並べたものを差商表という.

表 3.1 差商表の例

x	f	1 階	2 階	3 階	4 階
x_0	f_0	$f[x_0, x_1]$	$f[x_0, x_1, x_2]$	$f[x_0, x_1, x_2, x_3]$	$f[x_0, x_1, x_2, x_3, x_4]$
x_1	f_1	$f[x_1, x_2]$	$f[x_1, x_2, x_3]$	$f[x_1, x_2, x_3, x_4]$	
x_2	f_2	$f[x_2, x_3]$	$f[x_2, x_3, x_4]$		
x_3	f_3	$f[x_3, x_4]$			
x_4	f_4				

52 ■ 第3章　補間法

【例題 3.5】　次の表は，標準正規分布 $N(1,0)$ の確率 $f(x) = P\{0 \leqq X \leqq x\}$ の
データである．これより差商表を作れ．また，$P\{0 \leqq X \leqq 0.7\}$ を求めよ．

x	0.2	0.5	1.0	1.5	2.0	3.0
$f(x)$	0.0793	0.1915	0.3413	0.4332	0.4772	0.4987

【解】　差商表は次のようになる．

x	f	1 階	2 階	3 階	4 階	5 階
0.2	0.0793	0.37400	-0.09300	-0.01754	0.01715	-0.00435
0.5	0.1915	0.29960	-0.11580	0.01333	0.00496	
1.0	0.3413	0.18380	-0.09580	0.02574		
1.5	0.4332	0.08800	-0.04433			
2.0	0.4772	0.02150				
3.0	0.4987					

したがって，

$$
\begin{aligned}
f(0.7) = {}& 0.0793 + 0.374 \cdot (0.7 - 0.2) - 0.093 \cdot (0.7 - 0.2)(0.7 - 0.5) \\
& - 0.01754 \cdot (0.7 - 0.2)(0.7 - 0.5)(0.7 - 1) \\
& + 0.01715 \cdot (0.7 - 0.2)(0.7 - 0.5)(0.7 - 1)(0.7 - 1.5) \\
& - 0.00435 \cdot (0.7 - 0.2)(0.7 - 0.5)(0.7 - 1)(0.7 - 1.5)(0.7 - 2) \\
& + R_5 \\
= {}& 0.0793 + 0.1870 - 0.0093 + 0.0005262 + 0.0004116 + 0.00013572 \\
& + R_5 \\
= {}& 0.25807352 + R_5
\end{aligned}
$$

となる．よって，$f(0.7)$ の近似値として 0.2580 を得る（正規分布表によると $f(0.7) = P\{0 \leqq X \leqq 0.7\} = 0.2580\cdots$ である）．

一般に，差商は変数の並びが変わってもすべて相等しい．すなわち，次の性質がある．

■ ポイント 3.3　差商の分点順序の変更

$x_1, x_2, \cdots, x_n$ の任意の順列を $x_{\tau(1)}, x_{\tau(2)}, \cdots, x_{\tau(n)}$ とすると，次の等式が成り
立つ．

$$
f[x_{\tau(1)},\ x_{\tau(2)},\ \cdots,\ x_{\tau(n)}] = f[x_1,\ x_2, \cdots,\ x_n]
$$

　　　　　　　　　　　　　　　　　　　　　　3.2　差商とニュートンの差商公式　■　53

【証明】　変数の個数に関する数学的帰納法で証明する.

　変数が2個のときは，明らかに成り立つ. k 個のとき成り立つと仮定して，$k+1$ 個のときも成り立つことを示そう.

(1)　両端の入れ替えの場合. 帰納法の仮定により，k 個の場合は入れ替えてもよいことに留意すれば，$k+1$ 個のときも成り立つことは容易に確かめられる.

(2)　両端に挟まれた部分どうしの入れ替えの場合. この場合も同様に容易に示し得る.

(3)　1番目と2番目の入れ替えの場合. つまり x_1 と x_2 を入れ替えた場合である.

$$f[x_2, x_1, x_3, \cdots, x_k, x_{k+1}]$$

$$= \frac{1}{x_2 - x_{k+1}}\{f[x_2, x_1, x_3, \cdots, x_k] - f[x_1, x_3, \cdots, x_{k+1}]\}$$

$$= \frac{1}{x_2 - x_{k+1}}\{f[x_2, x_3, \cdots, x_k, x_1] - f[x_{k+1}, x_k, \cdots, x_3, x_1]\}$$

$$\text{（帰納法の仮定による）}$$

$$= \frac{1}{x_2 - x_{k+1}}\bigg\{\frac{1}{x_2 - x_1}(f[x_2, x_3, \cdots, x_k] - f[x_3, x_4, \cdots, x_k, x_1])$$

$$- \frac{1}{x_{k+1} - x_1}(f[x_{k+1}, x_k, \cdots, x_3] - f[x_k, x_{k-1}, \cdots, x_3, x_1])\bigg\}$$

$$= \frac{1}{x_2 - x_{k+1}}\bigg\{\frac{1}{(x_2 - x_1)(x_{k+1} - x_1)}((x_{k+1} - x_1)f[x_2, x_3, \cdots, x_k]$$

$$- (x_2 - x_1)f[x_{k+1}, x_k, \cdots, x_3])$$

$$+ \bigg(\frac{1}{x_{k+1} - x_1} - \frac{1}{x_2 - x_1}\bigg)f[x_k, x_{k-1}, \cdots, x_3, x_1]\bigg\}$$

$$= \frac{1}{x_2 - x_{k+1}}\bigg\{\frac{1}{(x_2 - x_1)(x_{k+1} - x_1)}$$

$$((x_{k+1} - x_2 + x_2 - x_1)f[x_2, x_3, \cdots, x_k]$$

$$- (x_2 - x_1)f[x_{k+1}, x_k, \cdots, x_3])$$

$$+ \frac{x_2 - x_{k+1}}{(x_{k+1} - x_1)(x_2 - x_1)}f[x_k, x_{k-1}, \cdots, x_3, x_1]\bigg\}$$

$$= -\frac{f[x_2, x_3, \cdots, x_k]}{(x_2 - x_1)(x_{k+1} - x_1)}$$

$$+ \frac{f[x_2, x_3, \cdots, x_k] - f[x_{k+1}, x_k, \cdots, x_3]}{(x_2 - x_{k+1})(x_{k+1} - x_1)}$$

$$+ \frac{f[x_k, x_{k-1}, \cdots, x_3, x_1]}{(x_{k+1} - x_1)(x_2 - x_1)}$$

$$
= -\frac{f[x_2,\ x_3,\ \cdots,\ x_k] - f[x_k,\ x_{k-1},\ \cdots,\ x_3,\ x_1]}{(x_{k+1} - x_1)(x_2 - x_1)}
$$

$$
\quad + \frac{f[x_2,\ x_3,\ \cdots,\ x_k,\ x_{k+1}]}{x_{k+1} - x_1}
$$

$$
= -\frac{f[x_2,\ x_3,\ \cdots,\ x_k,\ x_1]}{x_{k+1} - x_1} + \frac{f[x_2,\ x_3,\ \cdots,\ x_k,\ x_{k+1}]}{x_{k+1} - x_1}
$$

$$
= \frac{f[x_1,\ x_2,\ \cdots,\ x_k] - f[x_2,\ x_3,\ \cdots,\ x_k,\ x_{k+1}]}{x_1 - x_{k+1}}
$$

$$
= f[x_1,\ x_2,\ \cdots,\ x_k,\ x_{k+1}]
$$

よって，この場合も成り立つ．

(4) 任意の入れ替えの場合．この場合は，上の (1)，(2)，(3) の性質を繰り返し適用して，$x_1, x_2, \cdots, x_{k+1}$ の順に並べ替えることができる．

以上により，$k+1$ 個の場合のどのような順列に対しても成り立つといえる．したがって，数学的帰納法により命題は成り立つ．

ニュートンの差商公式による補間をプログラム 3.2 にあげておこう．

プログラム 3.2

```
1  /*****************************************************/
2  /*     ニュートンの差商公式による補間     newhkn.c     */
3  /*****************************************************/
4  #include <stdio.h>
5  #define   N   10
6  int main(void)
7  {   int    i, j, n;
8      double a[N][N], s, t, x;
9      char   z, zz;
10     while( 1 ){
11         printf("ニュートンの差商公式による補間\n");
12         printf("補間点の個数 n は？(1<n<9) n=");
13         scanf("%d%c",&n,&zz);
14         if((n <= 1) || (9 <= n))   continue;
15         printf("\n補間点の座標を入力してください．\n");
16         for(i=0; i<n; i++) {
17             printf(" x(%d)=",i);
18             scanf("%lf%c",&a[i][0],&zz);
19             printf(" y(%d)=",i);
20             scanf("%lf%c",&a[i][1],&zz);
21         }
22         printf("\n正しく入力しましたか？(y/n)");
23         scanf("%c%c",&z,&zz);
24         if(z == 'y')   break;
25     }
```

```
26      /*** 各階差商の計算 ***/
27      /*** 第2階差商をa[i][2]へ入れる ***/
28      /*** 第3階差商をa[i][3]へ入れる ***/
29      for(j=1; j<=n; j++) {
30          for(i=0; i<=n-j; i++) {
31              a[i][j+1] = (a[i+1][j] - a[i][j]) /
32                          (a[i+j][0] - a[i][0]);
33          }
34      }
35      printf("\n終了するにはCTRL＋Cを押してください\n");
36      while( 1 ) {
37          printf("指定する点は？ X= ");
38          scanf("%lf%c",&x,&zz);
39          s = a[0][1];
40          t = 1;
41          /*** 差商公式による計算 ***/
42          for(j=2; j<=n; j++) {
43              t *= (x - a[j-2][0]);
44              s += a[0][j] * t;
45          }
46          /*** 答の表示 ***/
47          printf("\n f( %10.6lf )= %10.6lf\n",x,s);
48      }
49      return 0;
50  }
```

3.3 差分と差分表

いままでは補間点が等間隔とは限らない場合を考えてきたが，補間点が等間隔になっている場合は，ニュートンの差商公式 (3.8) は少し簡潔な形になる．これについて述べる前に，差分に関する基本事項を説明しておこう．

変数 x, y の間に関数関係 $y = f(x)$ があるとしよう．補間点 x_j における y の値 $f(x_j)$ を簡単に f_j で表す．以後，補間点には小さいほうから順に番号を付けてあるものとする．

補間点での関数値の差 $f_{k+1} - f_k$ を

$$\Delta f_k = f_{k+1} - f_k$$

で表す．Δ を (前進) 差分演算子という．

この差分演算子 Δ には次の線形性がある．α を任意の定数とするとき，

$$\Delta(f_k + g_k) = \Delta f_k + \Delta g_k$$
$$\Delta(\alpha f_k) = \alpha \Delta f_k$$

となる．実際，

56 ■ 第3章 補間法

$$\Delta(f_k + g_k) = (f_{k+1} + g_{k+1}) - (f_k + g_k) = (f_{k+1} - f_k) + (g_{k+1} - g_k)$$
$$= \Delta f_k + \Delta g_k$$
$$\Delta(\alpha f_k) = \alpha f_{k+1} - \alpha f_k = \alpha(f_{k+1} - f_k) = \alpha \Delta f_k$$

が成り立つ.

演算子 Δ を繰り返し施すことを,次のように Δ のべきで表す.

1階差分 $\quad \Delta^1 = \Delta : \Delta^1 f_k = \Delta f_k = f_{k+1} - f_k$

2階差分 $\quad \Delta^2 = \Delta(\Delta) : \Delta^2 f_k = \Delta(\Delta f_k) = \Delta(f_{k+1} - f_k) = \Delta f_{k+1} - \Delta f_k$

3階差分 $\quad \Delta^3 = \Delta(\Delta^2) : \Delta^3 f_k = \Delta(\Delta^2 f_k) = \Delta(\Delta f_{k+1} - \Delta f_k)$
$$= \Delta^2 f_{k+1} - \Delta^2 f_k$$

一般に,次のようになる.

n 階差分 $\quad \Delta^n = \Delta(\Delta^{n-1}) : \Delta^n f_k = \Delta(\Delta^{n-1} f_k) = \Delta(\Delta^{n-2} f_{k+1} - \Delta^{n-2} f_k)$
$$= \Delta^{n-1} f_{k+1} - \Delta^{n-1} f_k$$

定義にもとづいて1階差分,2階差分,…の順に,各階の差分を次のように計算する.

$$\Delta f_0 = f_1 - f_0, \ \Delta^2 f_0 = \Delta f_1 - \Delta f_0, \ \Delta^3 f_0 = \Delta^2 f_1 - \Delta^2 f_0, \cdots$$
$$\Delta f_1 = f_2 - f_1, \ \Delta^2 f_1 = \Delta f_2 - \Delta f_1, \ \Delta^3 f_1 = \Delta^2 f_2 - \Delta^2 f_1, \cdots$$
$$\cdots\cdots\cdots\cdots\cdots$$

これらの値を表3.2に示すように並べたものを差分表という.

表 3.2 差分表の例

x	f	Δf	$\Delta^2 f$	$\Delta^3 f$	$\Delta^4 f$	$\Delta^5 f$
x_0	f_0	Δf_0	$\Delta^2 f_0$	$\Delta^3 f_0$	$\Delta^4 f_0$	$\Delta^5 f_0$
x_1	f_1	Δf_1	$\Delta^2 f_1$	$\Delta^3 f_1$	$\Delta^4 f_1$	
x_2	f_2	Δf_2	$\Delta^2 f_2$	$\Delta^3 f_2$		
x_3	f_3	Δf_3	$\Delta^2 f_3$			
x_4	f_4	Δf_4				
x_5	f_5					

【例題 3.6】 次の関数表から差分表を作れ.

x	1.0	1.2	1.5	1.7	2.0
$f(x)$	1.0000	1.5774	2.7557	3.7681	5.6569

【解】 前述の計算法により,次のような差分表が得られる.

x	f	Δf	$\Delta^2 f$	$\Delta^3 f$	$\Delta^4 f$
1.0	1.0000	0.5774	0.6009	-0.7668	1.8091
1.2	1.5774	1.1783	-0.1659	1.0423	
1.5	2.7557	1.0124	0.8764		
1.7	3.7681	1.8888			
2.0	5.6569				

3.4 ニュートンの前進補間公式

3.2 節で定義した各階の差商は，差分演算子 Δ を用いれば，次のように簡単に表される．

分点が等間隔のとき，その間隔を h とすると，次の等式が成り立つ．

$$f[x_j,\ x_{j+1},\ x_{j+2},\ \cdots,\ x_{j+n}] = \frac{\Delta^n f_j}{n!h^n} \tag{3.10}$$

【証明】 n に関する数学的帰納法で証明する．

$n = 1$ のとき，$f[x_j,\ x_{j+1}] = \dfrac{f_j - f_{j+1}}{x_j - x_{j+1}} = \dfrac{f_{j+1} - f_j}{x_{j+1} - x_j} = \dfrac{\Delta f_j}{h}$

よって，成り立つ．

$n = k$ のとき，成り立つと仮定して，$n = k+1$ のときを調べる．

$$f[x_j, x_{j+1}, \cdots, x_{j+k+1}] = \frac{f[x_j, x_{j+1}, \cdots, x_{j+k}] - f[x_{j+1}, x_{j+2}, \cdots, x_{j+k+1}]}{x_j - x_{j+k+1}}$$

$$= \frac{\dfrac{\Delta^k f_j}{k!h^k} - \dfrac{\Delta^k f_{j+1}}{k!h^k}}{-(k+1)h} = \frac{\Delta^k f_j - \Delta^k f_{j+1}}{-(k+1)!h^{k+1}} = \frac{\Delta^k(f_{j+1} - f_j)}{(k+1)!h^{k+1}}$$

$$= \frac{\Delta^k(\Delta f_j)}{(k+1)!h^{k+1}} = \frac{\Delta^{k+1} f_j}{(k+1)!h^{k+1}}$$

よって，$n = k+1$ のときも成り立つ．

ゆえに，数学的帰納法により，すべての $n \geqq 1$ に対して成り立つ．

このことを用いて，ニュートンの差商公式 (3.8) を書き改めてみよう．

$k = (x - x_0)/h$ とおくと，$x = x_0 + kh$. また，$x_j = x_0 + jh$ だから，

$$x - x_0 = kh, \quad x - x_1 = (x_0 + kh) - (x_0 + h) = (k-1)h$$

同様に，

$$x - x_j = (x_0 + kh) - (x_0 + jh) = (k - j)h$$

58 ■ 第 3 章　補間法

となる．これらと式 (3.10) をニュートンの差商公式に代入すれば，次の等式が成り立つ．

$$f(x) = f_0 + kh\frac{\Delta f_0}{h} + k(k-1)h^2\frac{\Delta^2 f_0}{2!h^2}$$

$$+ \cdots + [k(k-1)\cdots\{k-(n-1)\}]h^n\frac{\Delta^n f_0}{n!h^n} + R_n$$

$$= f_0 + \binom{k}{1}\Delta f_0 + \binom{k}{2}\Delta^2 f_0 + \binom{k}{3}\Delta^3 f_0 + \cdots + \binom{k}{n}\Delta^n f_0 + R_n$$

ここに，$\binom{k}{j} = \dfrac{k(k-1)(k-2)\cdots(k-j+1)}{j!}$ である．これは特に，k が自然数のときは，二項係数 $_kC_j$ に一致する．

以上により，次の公式が得られる．

■ **ポイント 3.4　ニュートンの前進補間公式**

$n+1$ 個の等間隔の点 $x_0, x_1, \cdots, x_n$ における $f(x)$ の値を，$f_0, f_1, \cdots, f_n$ とする．分点の間隔を h とし，x を任意の点として，$k = (x-x_0)/h$ とおくと，次の等式が成り立つ．

$$f(x) = f_0 + \binom{k}{1}\Delta f_0 + \binom{k}{2}\Delta^2 f_0 + \binom{k}{3}\Delta^3 f_0 + \cdots + \binom{k}{n}\Delta^n f_0 + R_n$$

ただし，R_n は式 (3.8) と同じである．

【例題 3.7】　次の関数表にポイント 3.4 の補間公式を適用して，$f(0.8)$ を求めよ．

x	0.0	0.5	1.0	1.5	2.0
$f(x)$	0.0000	0.1014	0.6931	2.0617	4.3944

【解】　これは等間隔の場合で $h = 0.5$ である．また，$k = (0.8-0)/0.5 = 1.6$ であるから，

$$f(0.8) = f_0 + \binom{1.6}{1}\Delta f_0 + \binom{1.6}{2}\Delta^2 f_0 + \binom{1.6}{3}\Delta^3 f_0 + \binom{1.6}{4}\Delta^4 f_0 + R_4$$

が成り立つ．差分表を作ると，次頁のようになる．
すなわち，

$$\Delta f_0 = 0.1014, \quad \Delta^2 f_0 = 0.4903, \quad \Delta^3 f_0 = 0.2866, \quad \Delta^4 f_0 = -0.0994$$

となる．したがって，

$$f(0.8) = 0 + 1.6 \times 0.1014 + \frac{1.6(1.6-1)}{2} \times 0.4903$$

$$+ \frac{1.6(1.6-1)(1.6-2)}{3!} \times 0.2866$$

x	$f(x)$	Δf_i	$\Delta^2 f_i$	$\Delta^3 f_i$	$\Delta^4 f_i$
0.0	0.0000	0.1014	0.4903	0.2866	-0.0994
0.5	0.1014	0.5917	0.7769	0.1872	
1.0	0.6931	1.3686	0.9641		
1.5	2.0617	2.3327			
2.0	4.3944				

$$+ \frac{1.6(1.6-1)(1.6-2)(1.6-3)}{4!} \times (-0.0994) + R_4$$
$$= 0.3770 + R_4$$

となる．ゆえに，$f(0.8) \fallingdotseq 0.3770$ を得る.

▶▶▶ 演習問題 3

3.1 　$x=1$ のとき $y=2$，$x=3$ のとき $y=3$，$x=4$ のとき $y=2$ となる 2 次関数を式 (3.2) の形に書け.

3.2 　$x=x_0$ のとき $y=y_0$，$x=x_1$ のとき $y=y_1$，$x=x_2$ のとき $y=y_2$，$x=x_3$ のとき $y=y_3$ となる x の 3 次関数を，式 (3.2) と同様な形の式で表せ.

3.3 　$n=4$ のとき，$L_1(x)$ を書き下せ.

3.4 　次の $f(x)$ の関数表にラグランジュの補間法を適用して，指定された点における $f(x)$ の近似値を求めよ.

(1) 　$f(0.8)$ の値

x	0.5	1.0	1.5	2.0
$f(x)$	0.3734	0.5104	0.4712	0.3345

(2) 　$f(1.5)$ の値

x	-1.0	0.0	1.0	2.0
$f(x)$	0.7963	1.0000	2.7140	6.9089

3.5 　次の数表にニュートンの差商公式を適用して，$f(1)$ の値を求めよ.

x	0.0	0.4	2.0	3.0	5.0
$f(x)$	1.0000	1.0315	3.0000	5.2915	11.225

60 ■ 第3章　補間法

3.6　上の 3.4 でニュートンの差商公式を適用してみよ.

3.7　次の関数表にニュートンの前進補間公式を適用して，指定された点における $f(x)$ の近似値を求めよ.

(1)　$f(1.8)$ の値

x	1.0	1.5	2.0	2.5	3.0
$f(x)$	1.3591	1.3790	1.4778	1.6803	2.0086

(2)　$f(22)$ の値

x	10	15	20	25
$f(x)$	367.879	753.064	1082.68	1282.58

3.8　ニュートンの差商公式のプログラム 3.2 を修正して，ニュートンの前進補間公式のプログラムを作れ.

第4章 曲線のあてはめ

実験や観測等によって2変数に関するデータが得られているとき，それらを座標にもつ点 (x, y) を平面上にプロットし，それらの点あるいは近くを通るなめらかな曲線を求めることを，**曲線のあてはめ**という．これについて考えよう．

4.1 スプライン関数

平面上にいくつかの点が与えられたとき，それらの点を通るなめらかな曲線を描きたいとしよう．製図では雲形定規 (spline) を使って描くことになるが，このような曲線を数式でとらえようとして考えられたのが，スプライン関数である．これをもう少しはっきり述べると次のようになる．

スプライン関数とは，いくつかの隣合う区間の上で定義された同じ次数の多項式を，それらがいくつかの連続条件を満たすようにつなぎ合わせてできる区分的多項式のことである．その多項式の次数が n 次のとき，n 次の**スプライン (spline) 関数**という．それぞれの多項式のつなぎ目を**節点**という．

以下，3次のスプライン関数について述べる．

xy 平面上に $n+1$ 個のデータ点 $(x_0, y_0), (x_1, y_1), \cdots, (x_n, y_n)$ が与えられているとする．ただし，$x_{j-1} < x_j, (j = 1, 2, \cdots, n)$ とする．

これらの x_j を端点にもつ n 個の各小区間 $I_j = [x_{j-1}, x_j], (j = 1, 2, \cdots, n)$ の上で，次の条件 (A)，(B) を満たす3次関数 $S_j(x)$ を考える．

(A) $S_j(x)$ はその区間 I_j の両端でデータ点を通る．すなわち，

$$S_j(x_{j-1}) = y_{j-1} \tag{4.1}$$
$$S_j(x_j) = y_j \tag{4.2}$$

(B) 隣合う関数はその節点で2次の微分係数まで一致する．すなわち，

$$S_j'(x_j) = S_{j+1}'(x_j) \tag{4.3}$$
$$S_j''(x_j) = S_{j+1}''(x_j) \tag{4.4}$$

これらの $S_j(x)$ をつないで，区間 $[x_0, x_n]$ 上の関数 $S(x)$ を次のように定める．

$$S(x) = S_j(x), \qquad x \in [x_{j-1}, x_j], \qquad (j = 1, 2, \cdots, n)$$

この $S(x)$ を，(3次の) スプライン関数という (図4.1)．

(A) はスプライン関数が区間 $[x_0, x_n]$ で連続であることを要求している．(B) はスプライン関数の1次，2次導関数が区間 $[x_0, x_n]$ で連続になることを要求している．

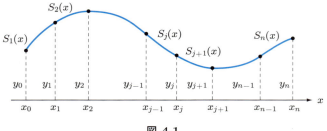

図 4.1

それは，そのつなぎ目での接続がきわめてなめらかになるようにという条件にほかならない．

スプライン関数 $S(x)$ を構成する区間 I_j 上の 3 次関数 $S_j(x), (j = 1, 2, \cdots, n)$ を求めよう．
$$S_j(x) = A_j(x - x_{j-1})^3 + B_j(x - x_{j-1})^2 + C_j(x - x_{j-1}) + D_j,$$
$$A_j, B_j, C_j, D_j \text{ は定数，} \quad (j = 1, 2, \cdots, n)$$
とおく．

上式で $x = x_{j-1}$ を代入して式 (4.1) を考慮すれば，$D_j = y_{j-1}$ を得る．したがって，
$$S_j(x) = A_j(x - x_{j-1})^3 + B_j(x - x_{j-1})^2 + C_j(x - x_{j-1}) + y_{j-1},$$
$$(j = 1, 2, \cdots, n) \tag{4.5}$$
が成り立つ．式 (4.5) の両辺を微分して，
$$S'_j(x) = 3A_j(x - x_{j-1})^2 + 2B_j(x - x_{j-1}) + C_j \tag{4.6}$$
$$S''_j(x) = 6A_j(x - x_{j-1}) + 2B_j \tag{4.7}$$
が $j = 1, 2, \cdots, n$ に対して成り立つ．上式で番号 j を $j+1$ に書き換えると，
$$S'_{j+1}(x) = 3A_{j+1}(x - x_j)^2 + 2B_{j+1}(x - x_j) + C_{j+1} \tag{4.8}$$
$$S''_{j+1}(x) = 6A_{j+1}(x - x_j) + 2B_{j+1} \tag{4.9}$$
となり，この二つの等式が $j = 0, 1, \cdots, n-1$ に対して成り立つ．

いま，各分点間の間隔を $h_j = x_j - x_{j-1}, (j = 1, 2, \cdots, n)$ とおく．式 (4.2) に注意して，式 (4.5) で $x = x_j$ を代入すると，
$$y_j = A_j(x_j - x_{j-1})^3 + B_j(x_j - x_{j-1})^2 + C_j(x_j - x_{j-1}) + y_{j-1}$$
$$= A_j h_j^3 + B_j h_j^2 + C_j h_j + y_{j-1}$$
となる．両辺を h_j で割り，$(y_j - y_{j-1})/h_j = u_j$ とおけば，次の等式が成り立つ．
$$h_j^2 A_j + h_j B_j + C_j = u_j, \quad (j = 1, 2, \cdots, n) \tag{4.10}$$
次に，式 (4.6), (4.8) で $x = x_j$ を代入して，式 (4.3) に注意すれば，
$$3h_j^2 A_j + 2h_j B_j + C_j - C_{j+1} = 0, \quad (j = 1, 2, \cdots, n-1) \tag{4.11}$$
が成り立つ．さらに，式 (4.4) に注意して，式 (4.7), (4.9) で $x = x_j$ を代入すると，

$$3h_j A_j + B_j - B_{j+1} = 0, \quad (j = 1, 2, \cdots, n-1) \tag{4.12}$$

となる.

式 (4.10), (4.11), (4.12) から C_j に関する漸化式を導く. 式 (4.10) と式 (4.11) より A_j を消去して,

$$h_j B_j + 2C_j + C_{j+1} = 3u_j, \quad (j = 1, 2, \cdots, n-1) \tag{4.13}$$

同様に式 (4.11) と式 (4.12) から A_j を消去して,

$$h_j B_j + h_j B_{j+1} + C_j - C_{j+1} = 0, \quad (j = 1, 2, \cdots, n-1) \tag{4.14}$$

となる. 式 (4.13) − 式 (4.14) より, 次の等式が成り立つ.

$$-h_j B_{j+1} + C_j + 2C_{j+1} = 3u_j, \quad (j = 1, 2, \cdots, n-1)$$

さらに, 上式で番号 j を $j-1$ に一つずらすと,

$$-h_{j-1} B_j + C_{j-1} + 2C_j = 3u_{j-1}, \quad (j = 2, 3, \cdots, n) \tag{4.15}$$

となる. 式 (4.13) と式 (4.15) より B_j を消去する.

$$h_{j-1} h_j B_j + 2h_{j-1} C_j + h_{j-1} C_{j+1} = 3h_{j-1} u_j,$$
$$-h_{j-1} h_j B_j + h_j C_{j-1} + 2h_j C_j = 3h_j u_{j-1}$$

辺々加えると次の式が得られる.

$$h_j C_{j-1} + 2(h_{j-1} + h_j)C_j + h_{j-1} C_{j+1} = 3(h_j u_{j-1} + h_{j-1} u_j),$$
$$(j = 2, 3, \cdots, n-1) \tag{4.16}$$

以上で, n 個の未知数 $C_1, C_2, \cdots, C_n$ に関する $n-2$ 個の等式 (4.16) が得られ, 自由度 2 が残っているので, C_1 と C_n の値を任意に定めると, 連立方程式 (4.16) より $C_2, \cdots, C_{n-1}$ が定まる. これらの値を式 (4.13) に代入すれば, $B_1, B_2, \cdots, B_{n-1}$ が得られる. また, B_n は式 (4.15) から求められる. さらに, 式 (4.10) より $A_1, A_2, \cdots, A_n$ が定まる. これで一つのスプライン関数は定まる.

ところで, C_1, C_n の値はそれぞれ区間 I_1, I_n の左端の点 x_0, x_{n-1} における接線の傾きを表すから, これを与えて解くよりも, 全体の区間 $[x_0, x_n]$ の端点 x_0, x_n での接線の傾きを与えて解くようになっているほうがよい. そのように変更しておこう. 問題は C_n についてである.

点 x_n での接線の傾きを α とすれば, 式 (4.6) で $j = n$ とおいた式より,

$$\alpha = 3h_n{}^2 A_n + 2h_n B_n + C_n$$

が成り立つ. また, 式 (4.10) で $j = n$ とおいた式を考えると,

$$u_n = h_n{}^2 A_n + h_n B_n + C_n$$

となる. したがって,

$$\alpha - 3u_n = -h_n B_n - 2C_n \tag{4.17}$$

を得る. 式 (4.15) で $j = n$ とおけば,

$$3u_{n-1} = -h_{n-1} B_n + C_{n-1} + 2C_n \tag{4.18}$$

となる. 式 (4.17) と式 (4.18) より B_n を消去する.

$$\alpha h_{n-1} - 3h_{n-1}u_n = -h_{n-1}h_nB_n - 2h_{n-1}C_n$$

$$3h_nu_{n-1} = -h_{n-1}h_nB_n + h_nC_{n-1} + 2h_nC_n$$

辺々引いて整理すると,

$$h_nC_{n-1} + 2(h_{n-1} + h_n)C_n + h_{n-1}\alpha = 3(h_nu_{n-1} + h_{n-1}u_n)$$

ここで, 便宜的に C_{n+1} なる未知数を一つ追加し, $C_{n+1} = \alpha$ とおけば, 上式は

$$h_nC_{n-1} + 2(h_{n-1} + h_n)C_n + h_{n-1}C_{n+1} = 3(h_nu_{n-1} + h_{n-1}u_n)$$

となる. これは, 式 (4.16) で $j = n$ とおいた式にほかならない. 以上をまとめると, 次の公式が得られる.

■ ポイント 4.1　スプライン関数の定め方 (1 次係数法)

xy 平面上に $n+1$ 個のデータ点 $(x_0, y_0), (x_1, y_1), \cdots, (x_n, y_n)$ が与えられているとする. ただし, $x_{j-1} < x_j, (j = 1, 2, \cdots, n)$ とする.

このとき, 各区間 $I_j = [x_{j-1}, x_j]$ 上の関数 $S_j(x)$ を

$$S_j(x) = A_j(x - x_{j-1})^3 + B_j(x - x_{j-1})^2 + C_j(x - x_{j-1}) + D_j$$

とおき, 次の記法を用いる.

$$h_j = x_j - x_{j-1}, \qquad u_j = \frac{y_j - y_{j-1}}{h_j}$$

各係数は次のようにして定める.

(1)　定数項：$D_j = y_{j-1}$

(2)　1 次の係数：x_0, x_n における接線の傾き C_1, C_{n+1} を適当に定め, 1 次係数に関する連立方程式

$$h_jC_{j-1} + 2(h_{j-1} + h_j)C_j + h_{j-1}C_{j+1} = 3(h_ju_{j-1} + h_{j-1}u_j),$$
$$(j = 2, 3, \cdots, n)$$

　から $C_2, C_3, \cdots, C_n$ を求める.

(3)　2 次の係数：$B_1, B_2, \cdots, B_n$ の値は次の式で定める.

$$B_j = \frac{3u_j - 2C_j - C_{j+1}}{h_j}, \quad (j = 1, 2, \cdots, n)$$

(4)　3 次の係数：$A_1, A_2, \cdots, A_n$ の値は次の式で定める.

$$A_j = \frac{u_j - h_jB_j - C_j}{h_j{}^2}, \quad (j = 1, 2, \cdots, n)$$

これらの $S_j(x)$ をつないでスプライン関数 $S(x)$ が得られる.

一方, 次のように 2 次係数 $B_j(j = 1, 2, \cdots, n)$ についての漸化式を導くこともできる.

式 (4.10) で j を $j+1$ に書き換えると，
$$h_{j+1}{}^2 A_{j+1} + h_{j+1} B_{j+1} + C_{j+1} = u_{j+1}, \quad (j = 0, 1, \cdots, n-1) \tag{4.19}$$
となり，式 (4.10)，(4.19) より，次のようになる．
$$h_{j+1}{}^2 A_{j+1} - h_j{}^2 A_j + h_{j+1} B_{j+1} - h_j B_j + C_{j+1} - C_j = u_{j+1} - u_j,$$
$$(j = 1, 2, \cdots, n-1) \tag{4.20}$$
式 (4.11)，(4.20) より C_j，C_{j+1} を消去すれば，
$$h_{j+1}{}^2 A_{j+1} + 2h_j{}^2 A_j + h_j B_j + h_{j+1} B_{j+1} = u_{j+1} - u_j,$$
$$(j = 1, 2, \cdots, n-1) \tag{4.21}$$
式 (4.12) と式 (4.21) から A_j，A_{j+1} を消去して整理すると，最終的に
$$h_j B_j + 2(h_j + h_{j+1}) B_{j+1} + h_{j+1} B_{j+2} = 3(u_{j+1} - u_j),$$
$$(j = 1, 2, \cdots, n-2) \tag{4.22}$$
となる.

この場合も，等式が $n-2$ 個，未知数が n 個だから自由度は 2 である．したがって，B_1，B_n を適当に与えて解けばよいが，B_n は点 x_{n-1} における $S_n(x)$ の 2 次微分係数の $1/2$ を表すから，1 次係数法の場合と同様に全区間 $[x_0, x_n]$ の両端における条件に変更しておこう.

右端の点 x_n における $S_n''(x)$ の値を 2β とする．式 (4.7) で $j = n$ として，
$$3A_n h_n + B_n - \beta = 0$$
となる．いま，新たに未知数 B_{n+1} を一つ追加し，$B_{n+1} = \beta$ とおけば，上の等式は
$$3A_n h_n + B_n - B_{n+1} = 0$$
となる．これは式 (4.12) が $j = n$ のときまで広げられることを示している．したがって，式 (4.22) が $j = 1, 2, \cdots, n-1$ に対して成り立つことになる.

これで，式 (4.22) は $B_1, B_2, \cdots, B_n$ についての n 個の等式からなる連立方程式となり，これを解けば $B_1, B_2, \cdots, B_n$ が得られる．式 (4.12) より，$A_1, A_2, \cdots, A_n$ が定まる．また，式 (4.10) より，$C_1, C_2, \cdots, C_n$ が定まる．以上をまとめて次の公式を得る.

■ ポイント 4.2　スプライン関数の定め方 (2 次係数法)

xy 平面上に $n+1$ 個のデータ点 $(x_0, y_0), (x_1, y_1), \cdots, (x_n, y_n)$ が与えられているとする．ただし，$x_{j-1} < x_j, (j = 1, 2, \cdots, n)$ である.

このとき，各区間 $I_j = [x_{j-1}, x_j]$ 上の関数 $S_j(x)$ を
$$S_j(x) = A_j(x - x_{j-1})^3 + B_j(x - x_{j-1})^2 + C_j(x - x_{j-1}) + D_j$$
とおき，次の記法を用いる.

66 ■ 第 4 章　曲線のあてはめ

$$h_j = x_j - x_{j-1}, \quad u_j = \frac{y_j - y_{j-1}}{h_j}$$

各係数は次のようにして定める.

(1) 定数項：$D_j = y_{j-1}$

(2) 2 次の係数：x_0, x_n における B_1, B_{n+1} の値を適当に定め, 2 次係数に関する連立方程式

$$h_j B_j + 2(h_j + h_{j+1}) B_{j+1} + h_{j+1} B_{j+2} = 3(u_{j+1} - u_j),$$
$$(j = 1, 2, \cdots, n-1)$$

から $B_2, B_3, \cdots, B_n$ を求める.

(3) 3 次の係数：$A_1, A_2, \cdots, A_n$ の値は次の式で定める.

$$A_j = \frac{B_{j+1} - B_j}{3h_j}, \quad (j = 1, 2, \cdots, n)$$

(4) 1 次の係数：$C_1, C_2, \cdots, C_n$ の値は次の式で定める.

$$C_j = u_j - h_j{}^2 A_j - h_j B_j, \quad (j = 1, 2, \cdots, n)$$

これらの $S_j(x)$ をつないでスプライン関数 $S(x)$ が得られる.

　なお, この漸化式で B_j は分点 x_{j-1} における曲線の 2 次微分係数の 1/2 の値を表すから, 曲線の凹凸や曲率に関係する. 分点 x_{j-1} で曲線が上に凸ならば負の値, 下に凸ならば正の値となる. B_1, B_{n+1} の値を与える際は, これらのことを考慮して与えればよい.

【例題 4.1】 次のデータからスプライン関数を求めよ.

x	0.0	1.0	1.5	2.0	3.0
y	2.0	4.0	3.0	1.0	2.0

【解】 1 次係数法を用いてみよう. $n = 4$ の場合である. まず, 端点条件として, C_1, C_5 の値を適当に決めなければならない. これらのデータ点をプロットして, 曲線の様子を見ると図 4.2 のようになっていることと, 区間 $[0, 1]$ および $[2, 3]$ における平均変化率などから考えて, $C_1 = 5$, $C_5 = 3$ としてみよう. 与えられたデータより, 次のようになる.

$$h_1 = 1, \quad h_2 = 0.5, \quad h_3 = 0.5, \quad h_4 = 1,$$
$$u_1 = 2, \quad u_2 = -2, \quad u_3 = -4, \quad u_4 = 1$$

　次に, 式 (4.16) から, $j = 2$ のとき,

$$0.5 \times 5 + 2(1 + 0.5)C_2 + C_3 = 3\{0.5 \times 2 + 1 \times (-2)\}$$
$$3C_2 + C_3 = -5.5$$

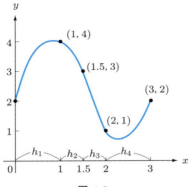

図 4.2

同様に, $j=3$, 4 のとき, $C_2+4C_3+C_4=-18$, $C_3+3C_4=-12$ となる. これらより, $C_2=-0.616667$, $C_3=-3.65$, $C_4=-2.783333$ となる. したがって,
$$B_1 = \frac{3\times u_1 - 2C_1 - C_2}{h_1} = -3.38333, \quad A_1 = \frac{u_1 - h_1 B_1 - C_1}{h_1{}^2} = 0.38333$$
となる. よって, $S_1(x) = 0.38333x^3 - 3.38333x^2 + 5x + 2$ を得る.

同様にして, 次の値が得られる.
$$B_2 = -2.23333, \quad A_2 = -1.06667, \quad B_3 = -3.83333, \quad A_3 = 6.26667,$$
$$B_4 = 5.56667, \quad A_4 = -1.78333$$

以上より, スプライン関数は次のとおりである.
$$S(x) = \begin{cases} 0.38333x^3 - 3.38333x^2 + 5x + 2, & (0 \leqq x \leqq 1) \\ -1.06667(x-1)^3 - 2.23333(x-1)^2 - 0.616667(x-1) + 4, \\ \qquad (1 \leqq x \leqq 1.5) \\ 6.26667(x-1.5)^3 - 3.83333(x-1.5)^2 - 3.65(x-1.5) + 3, \\ \qquad (1.5 \leqq x \leqq 2) \\ -1.78333(x-2)^3 + 5.56667(x-2)^2 - 2.78333(x-2) + 1, \\ \qquad (2 \leqq x \leqq 3) \end{cases}$$

次のプログラム 4.1 は, 与えられたデータから 1 次係数法によってスプライン関数を定め, それにもとづいて, 必要な数値およびグラフを出力するプログラムである.

プログラム 4.1

```
1  /*****************************************************/
2  /*    スプライン関数の決定 (1次係数法)      spline.c    */
3  /*    スプライン関数を求める. さらに等分刻みのxの値に    */
4  /*    対する関数値を求めて結果を数表の形で出力する.     */
5  /*****************************************************/
6  #include <stdio.h>
```

68 ■ 第4章 曲線のあてはめ

```c
#include <math.h>
#define     N    10
int main(void)
{   int     i, j, k, m, n, kz, z, lp;
    double  A[N], B[N], C[N+2], D[N], h[N], x[N];
    double  y[N], u[N], p[N+2][N+3];
    double  g, q, xw, s, f;
    char    qq, zz;
    /* h[]:hj  u[]:uj  A[],B[],C[],D[]:Aj,Bj,Cj,Dj */
    /* p[][]:連立方程式の係数配列    */
    /* x, y に関するデータの入力   */
    while( 1 ){
        printf("スプライン関数の決定（1次係数法）\n\n");
        printf("データの個数は何個ですか？(2<m<10) m = ");
        scanf("%d%c",&m,&zz);
        if((m <= 2) || (10 <= m))    continue;
        n = m - 1;
        for(i=0; i<=n; i++) {
            printf("x(%d)= ",i);  scanf("%lf%c",&x[i],&zz);
            printf("y(%d)= ",i);  scanf("%lf%c",&y[i],&zz);
        }
        printf("\n全区間の左端点における1次微分係数は？");
        scanf("%lf%c",&C[1],&zz);
        printf("\n全区間の右端点における1次微分係数は？");
        scanf("%lf%c",&C[n+1],&zz);
        printf("\n正しく入力しましたか？(y/n) ");
        scanf("%c%c",&qq,&zz);
        if(qq == 'y')    break;
    }
    for(i=1; i<=n; i++) {
        D[i]  = y[i-1];
        h[i]  = x[i] - x[i-1];
        u[i]  = (y[i] - y[i-1]) / h[i];
    }
    for(i=1; i<=n+1; i++)
        for(j=1; j<=n+2; j++)
            p[i][j] = 0.0;
    /*  漸化式から得られる連立方程式の係数を */
    /*  配列 p に入れる. */
    p[1][1]    = 1.0;
    p[n+1][n+1]= 1.0;
    p[1][n+2]  = C[1];
    p[n+1][n+2]= C[n+1];
    for(j=2; j<=n; j++) {
        p[j][j-1] = h[j];
        p[j][j]   = 2*(h[j-1] + h[j]);
        p[j][j+1] = h[j-1];
        p[j][n+2] = 3*(h[j]*u[j-1] + h[j-1]*u[j]);
    }
```

4.1 スプライン関数 ■ 69

```c
56      /*  ガウス・ジョルダン（掃き出し）法により  */
57      /*  連立方程式を解く  */
58      for(i=1; i<=n+1; i++) {
59          q = p[i][i];
60          for(j=1; j<=n+2; j++)
61              p[i][j] = p[i][j] / q;
62          for(k=1; k<=n+1; k++) {
63              g = p[k][i];
64              if(k != i) {
65                  for(j=1; j<=n+2; j++)
66                      p[k][j] = p[k][j] - g * p[i][j];
67              }
68          }
69      }
70      /*  上で得られた解を配列 C に入れる.  */
71      for(j=1; j<=n; j++)
72          C[j] = p[j][n+2];
73      /*  B1,B2,・・・,Bnを求める.  */
74      for(j=1; j<=n-1; j++)
75          B[j] = (3*u[j]-2*C[j]-C[j+1]) / h[j];
76      B[n] = -(3*u[n-1]-C[n-1]-2*C[n]) / h[n-1];
77      /*  A1,A2,・・・,Anを求める.  */
78      for(j=1; j<=n-1; j++)
79          A[j] = (B[j+1] - B[j]) / (3 * h[j]);
80      A[n] = (u[n] - h[n] * B[n] - C[n]) / (h[n] * h[n]);
81      /*  結果を出力する  */
82      printf("各区間のスプライン関数の係数を出力します\n");
83      printf("(X-Xj)の降べきの順（係数Aj,Bj,Cj,Djの値）\n");
84      for(i=1; i<=n; i++ ) {
85          printf("S%d(x)=",i);
86          printf("(%6.31f)(x-%6.31f)^3+",A[i],x[i-1]);
87          printf("(%6.31f)(x-%6.31f)^2+",B[i],x[i-1]);
88          printf("(%6.31f)(x-%6.31f)+",C[i],x[i-1]);
89          printf("(%6.31f)\n",D[i]);
90      }
91      /*  求めたスプライン関数を使って補間値を求める  */
92      printf(" x座標の範囲を何等分して補間値を求めますか？\n");
93      scanf("%d",&kz);
94      xw = ( x[n] - x[0] ) / kz;
95      for(z=1, s=x[0], lp=0; lp <= kz; lp++   ){
96          if(z >= m) z--;
97          f = A[z] * pow((s-x[z-1]),3.0) + B[z] *
98              pow((s-x[z-1]),2.0)+C[z]*(s-x[z-1])+D[z];
99          printf("%10.61f  %10.61f\n",s,f);
100         s = s + xw;
101         if(s > x[z])   z++;
102     }
103     return 0;
104 }
```

次の図 4.3 は，プログラム 4.1 で【例題 4.1】および章末の演習問題 4 の 4.1 を実行して得られたスプライン関数のグラフである．

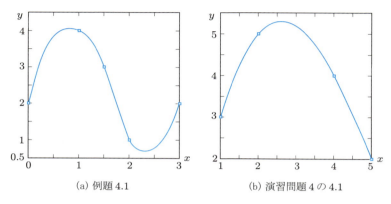

(a) 例題 4.1　　　　(b) 演習問題 4 の 4.1

図 4.3

4.2　最小 2 乗法

　第 3 章において，2 変数 x, y に関するデータをもとにして，y を x の多項式と考えて補間する方法について述べたが，これらの方法は，データの個数が多くなると補間多項式の次数が高くなる．このため，近似式がデータ点の近くで激しく変動することがあり，必ずしもよくない場合がある．また，誤差を含んだデータに対しては，それらのデータ点を正確に通ることを要求することはあまり意味がない．むしろ，「平均的になめらかな近似式」を求めるほうがよいであろう．このようなことから，データ点の近くを通るなめらかな関数を求める方法の一つとして，以下に説明する最小 2 乗法がよく用いられる．

　x, y に関する次のようなデータが与えられているとしよう．

x	1.0	2.0	3.0	4.0	5.0
y	2.0	2.5	2.9	3.5	4.4

　これらの値を座標にもつ点を xy 平面上にプロットすると，図 4.4 のようにほぼ直線状に並ぶから，y は x の 1 次関数になると考えられる．そこで $y = ax + b$ とおこう．
　直線は 2 点を与えると確定するから，図のデータ点をすべて通るように a, b を定めることはできない．そこで，各点から少しずつずれても，全体としてそのずれができるだけ少ないように a, b を定めることにしよう．

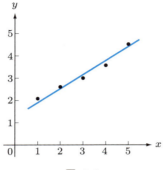

図 4.4

$x=1$ でのずれは $|a+b-2|$, $\quad x=2$ でのずれは $|2a+b-2.5|$,
$x=3$ でのずれは $|3a+b-2.9|$, $x=4$ でのずれは $|4a+b-3.5|$,
$x=5$ でのずれは $|5a+b-4.4|$

であるから，これらのずれの合計を E_0 とすれば，

$$E_0 = |a+b-2| + |2a+b-2.5| + |3a+b-2.9| \\ + |4a+b-3.5| + |5a+b-4.4|$$

である．この E_0 の値を最小にする a, b の値を求めればよいが，絶対値の記号がついているので式の変形がしにくい．そこで，各項の 2 乗の合計 E を考えよう．

$$E = (a+b-2)^2 + (2a+b-2.5)^2 + (3a+b-2.9)^2 \\ + (4a+b-3.5)^2 + (5a+b-4.4)^2$$

初めの E_0 を最小にする代わりに，この E を最小にすることを考えても，ずれの合計をできるだけ小さくするという目的にはかなっている．

さて，E の展開式は a, b についての 2 次式だから，E を最小にする a, b を求めるには，2 変数関数の極値条件より，$\dfrac{\partial E}{\partial a}=0$, $\dfrac{\partial E}{\partial b}=0$ を解けばよい．実際に偏微分すると，

$$\dfrac{\partial E}{\partial a} = 2(a+b-2) + 4(2a+b-2.5) + 6(3a+b-2.9) \\ + 8(4a+b-3.5) + 10(5a+b-4.4) = 0$$

および

$$\dfrac{\partial E}{\partial b} = 2(a+b-2) + 2(2a+b-2.5) + 2(3a+b-2.9) \\ + 2(4a+b-3.5) + 2(5a+b-4.4) = 0$$

が得られる．二つの等式をそれぞれ整理して，

$$55a + 15b = 51.7, \quad 15a + 5b = 15.3$$

72 ■ 第4章 曲線のあてはめ

これより，$a = 0.58$，$b = 1.32$ となる．したがって，$y = 0.58x + 1.32$ が得られる．

　以上が最小2乗法の考え方である．これをもっと一般的に考えてみよう．

　変数 x，y に関するデータが与えられているとする．これらのデータ点を xy 平面上にプロットしたとき，それらの点がほぼ直線状に並ぶならば，x と y の間には，1次関数 $y = ax + b$ の関係が成り立つと考えられる．また，それらが曲線状に並ぶならば，y を x の2次関数あるいは3次関数等で近似しようと考えるのもよいであろう．さらには，その問題の性質から，いくつかの基本になる関数 $f_1(x), f_2(x), \cdots, f_k(x)$ の1次結合として，

$$y = a_1 f_1(x) + a_2 f_2(x) + \cdots + a_k f_k(x) \tag{4.23}$$

の形に表そうと考えることもできる．ただし，$f_1(x), f_2(x), \cdots, f_k(x)$ はいずれの一つも，残りのものの1次結合で表されない，すなわち，これらは1次独立であるとする．

　いずれにしても，与えられたデータの様子から，基本になる関数を決めておいて，その1次結合の係数を最も適切に定める問題ということになる．

　たとえば，式 (4.23) において，$k = 2$，$f_1(x) = 1$，$f_2(x) = x$ とすれば，1次関数 $y = a_1 + a_2 x$ による近似を考えることであり，さらに，$k = 3$，$f_3(x) = x^2$ とすれば，2次関数 $y = a_1 + a_2 x + a_3 x^2$ による近似を考えることになる．

　さて，式 (4.23) で表される関数が与えられたデータ点をすべて通るように，係数を定めることが可能なのか考えてみよう．

　与えられたデータ点を $(x_1,\ y_1), (x_2,\ y_2), \cdots, (x_n,\ y_n)$ とする．これらの点を式 (4.23) に代入して，次の連立方程式を作る．

$$\begin{cases} a_1 f_1(x_1) + a_2 f_2(x_1) + \cdots + a_k f_k(x_1) = y_1 \\ a_1 f_1(x_2) + a_2 f_2(x_2) + \cdots + a_k f_k(x_2) = y_2 \\ \qquad\qquad\qquad\vdots \\ a_1 f_1(x_n) + a_2 f_2(x_n) + \cdots + a_k f_k(x_n) = y_n \end{cases} \tag{4.24}$$

いま，上の $a_1, a_2, \cdots, a_k$ の係数からできる行列を A とおくと，次のようになる．

$$A = \begin{bmatrix} f_1(x_1) & f_2(x_1) & \cdots & f_k(x_1) \\ f_1(x_2) & f_2(x_2) & \cdots & f_k(x_2) \\ \vdots & \vdots & \ddots & \vdots \\ f_1(x_n) & f_2(x_n) & \cdots & f_k(x_n) \end{bmatrix}$$

　A の成分は，基本にとった関数のデータ点における値であるから既知数である．したがって，式 (4.24) は $a_1, a_2, \cdots, a_k$ を未知数とする連立方程式である．

この連立方程式は必ずしも一意解をもつとは限らないし，解があって対応する式 (4.23) のグラフがデータ点を通るとしても，起伏がなめらかになっているとは限らない．式 (4.23) がすべてのデータ点を通るようにするよりも，それらの点の近くを通って，全体として無理のないなめらかな曲線になっているほうがよい．

そこで，連立方程式 (4.24) の等式がそれぞれ近似的に成立し，それぞれの誤差ができるだけ小さくなるように係数 $a_1, a_2, \cdots, a_k$ を定めようというのが，最小 2 乗法の考え方である．

その誤差の度合いの測り方であるが，最小 2 乗法では次のように測る．式 (4.24) から，各データ点での誤差は，

$$
\begin{aligned}
&\text{点 } x_1 \text{ での誤差} \quad \left| \sum_{i=1}^{k} f_i(x_1)a_i - y_1 \right| \\
&\text{点 } x_2 \text{ での誤差} \quad \left| \sum_{i=1}^{k} f_i(x_2)a_i - y_2 \right| \\
&\quad\quad\vdots \quad\quad\quad\quad\quad \vdots \\
&\text{点 } x_n \text{ での誤差} \quad \left| \sum_{i=1}^{k} f_i(x_n)a_i - y_n \right|
\end{aligned}
\tag{4.25}
$$

となる．前の例で説明したように，この 2 乗の和が最小になるように係数を定めよう．最小 2 乗法という呼び名もこれに由来している．

誤差の 2 乗の和を E とおいて，E を最小にする係数 $a_1, a_2, \cdots, a_k$ の決定法について考えよう．簡単のため，$f_i(x_j) = f_{ij}, (i = 1, 2, \cdots, k; \; j = 1, 2, \cdots, n)$ とおくと，式 (4.25) より，

$$
E = \left(\sum_{i=1}^{k} f_{i1}a_i - y_1 \right)^2 + \left(\sum_{i=1}^{k} f_{i2}a_i - y_2 \right)^2 + \cdots + \left(\sum_{i=1}^{k} f_{in}a_i - y_n \right)^2
$$

である．ここで，$f_{ij}, y_j, (i = 1, 2, \cdots, k; \; j = 1, 2, \cdots, n)$ はデータより定まる定数で，$a_1, a_2, \cdots, a_k$ が未知数である．この未知数の値をいろいろ変えると，E の値は変化する．すなわち，E は $a_1, a_2, \cdots, a_k$ を変数とする k 変数の 2 次関数と考えられる．問題は，a_1, a_2, a_k の値をいろいろ変えたとき，E の値を最も小さくする $a_1, a_2, \cdots, a_k$ の値を求めることに帰着する．

E の 2 次の各係数はすべて正だから，E を最小にする点は，極値条件より，

$$
\frac{\partial E}{\partial a_1} = 0, \quad \frac{\partial E}{\partial a_2} = 0, \quad \cdots, \quad \frac{\partial E}{\partial a_k} = 0
$$

を連立して解くことによって得られる．以下でこれを計算しよう．まず，

74 ■ 第 4 章　曲線のあてはめ

$$E = (f_{11}a_1 + f_{21}a_2 + \cdots + f_{k1}a_k - y_1)^2$$
$$+ (f_{12}a_1 + f_{22}a_2 + \cdots + f_{k2}a_k - y_2)^2$$
$$+ \cdots + (f_{1n}a_1 + f_{2n}a_2 + \cdots + f_{kn}a_k - y_n)^2$$

と書けるから，

$$\frac{\partial E}{\partial a_1} = 2(f_{11}a_1 + f_{21}a_2 + \cdots + f_{k1}a_k - y_1)f_{11}$$
$$+ 2(f_{12}a_1 + f_{22}a_2 + \cdots + f_{k2}a_k - y_2)f_{12}$$
$$+ \cdots + 2(f_{1n}a_1 + f_{2n}a_2 + \cdots + f_{kn}a_k - y_n)f_{1n} = 0$$

となる．未知数 $a_1, a_2, \cdots, a_k$ を含む項と既知数の項を分けると，

$$f_{11}(f_{11}a_1 + f_{21}a_2 + \cdots + f_{k1}a_k) + f_{12}(f_{12}a_1 + f_{22}a_2 + \cdots + f_{k2}a_k)$$
$$+ \cdots + f_{1n}(f_{1n}a_1 + f_{2n}a_2 + \cdots + f_{kn}a_k)$$
$$= f_{11}y_1 + f_{12}y_2 + \cdots + f_{1n}y_n$$

となり，両辺を行列の積の形に書き表すと，

$$[f_{11} \ f_{12} \ \cdots \ f_{1n}] \begin{bmatrix} f_{11}a_1 + f_{21}a_2 + \cdots + f_{k1}a_k \\ f_{12}a_1 + f_{22}a_2 + \cdots + f_{k2}a_k \\ \vdots \\ f_{1n}a_1 + f_{2n}a_2 + \cdots + f_{kn}a_k \end{bmatrix} = [f_{11} \ f_{12} \ \cdots \ f_{1n}] \begin{bmatrix} y_1 \\ y_2 \\ \vdots \\ y_n \end{bmatrix}$$

となる．$\dfrac{\partial E}{\partial a_2} = 0, \cdots, \dfrac{\partial E}{\partial a_k} = 0$ からも同様な等式が得られる．それらをまとめて書くと，

$$\begin{bmatrix} f_{11} & f_{12} & \cdots & f_{1n} \\ f_{21} & f_{22} & \cdots & f_{2n} \\ \vdots & \vdots & \ddots & \vdots \\ f_{k1} & f_{k2} & \cdots & f_{kn} \end{bmatrix} \begin{bmatrix} f_{11}a_1 + f_{21}a_2 + \cdots + f_{k1}a_k \\ f_{12}a_1 + f_{22}a_2 + \cdots + f_{k2}a_k \\ \vdots \\ f_{1n}a_1 + f_{2n}a_2 + \cdots + f_{kn}a_k \end{bmatrix}$$

$$= \begin{bmatrix} f_{11} & f_{12} & \cdots & f_{1n} \\ f_{21} & f_{22} & \cdots & f_{2n} \\ \vdots & \vdots & \ddots & \vdots \\ f_{k1} & f_{k2} & \cdots & f_{kn} \end{bmatrix} \begin{bmatrix} y_1 \\ y_2 \\ \vdots \\ y_n \end{bmatrix} \tag{4.26}$$

を得る．この左辺の第 2 の行列 (列ベクトル) は，

$$
\begin{bmatrix} f_{11}a_1 + f_{21}a_2 + \cdots + f_{k1}a_k \\ f_{12}a_1 + f_{22}a_2 + \cdots + f_{k2}a_k \\ \vdots \\ f_{1n}a_1 + f_{2n}a_2 + \cdots + f_{kn}a_k \end{bmatrix} = \begin{bmatrix} f_{11} & f_{21} & \cdots & f_{k1} \\ f_{12} & f_{22} & \cdots & f_{k2} \\ \vdots & \vdots & \ddots & \vdots \\ f_{1n} & f_{2n} & \cdots & f_{kn} \end{bmatrix} \begin{bmatrix} a_1 \\ a_2 \\ \vdots \\ a_k \end{bmatrix}
$$

と表されるから，式 (4.26) は，

$$
\begin{bmatrix} f_{11} & f_{12} & \cdots & f_{1n} \\ f_{21} & f_{22} & \cdots & f_{2n} \\ \vdots & \vdots & \ddots & \vdots \\ f_{k1} & f_{k2} & \cdots & f_{kn} \end{bmatrix} \begin{bmatrix} f_{11} & f_{21} & \cdots & f_{k1} \\ f_{12} & f_{22} & \cdots & f_{k2} \\ \vdots & \vdots & \ddots & \vdots \\ f_{1n} & f_{2n} & \cdots & f_{kn} \end{bmatrix} \begin{bmatrix} a_1 \\ a_2 \\ \vdots \\ a_k \end{bmatrix}
$$

$$
= \begin{bmatrix} f_{11} & f_{12} & \cdots & f_{1n} \\ f_{21} & f_{22} & \cdots & f_{2n} \\ \vdots & \vdots & \ddots & \vdots \\ f_{k1} & f_{k2} & \cdots & f_{kn} \end{bmatrix} \begin{bmatrix} y_1 \\ y_2 \\ \vdots \\ y_n \end{bmatrix} \tag{4.27}
$$

となる．ここで，

$$
A = \begin{bmatrix} f_{11} & f_{21} & \cdots & f_{k1} \\ f_{12} & f_{22} & \cdots & f_{k2} \\ \vdots & \vdots & \ddots & \vdots \\ f_{1n} & f_{2n} & \cdots & f_{kn} \end{bmatrix}, \quad \boldsymbol{x} = \begin{bmatrix} a_1 \\ a_2 \\ \vdots \\ a_k \end{bmatrix}, \quad \boldsymbol{b} = \begin{bmatrix} y_1 \\ y_2 \\ \vdots \\ y_n \end{bmatrix}
$$

とおけば，式 (4.27) は次のように簡潔に表される．

$$
{}^t\!AA\boldsymbol{x} = {}^t\!A\boldsymbol{b} \tag{4.28}
$$

この A，$\boldsymbol{b}$ はデータから定まる行列およびベクトルである．

${}^t\!A$ は (k, n) 型の行列，A は (n, k) 型の行列，$\boldsymbol{b}$ は n 次の列ベクトルだから，その積 ${}^t\!AA$ は (k, k) 型の行列，${}^t\!A\boldsymbol{b}$ は k 次の列ベクトルである．したがって，式 (4.28) は成分で見れば，k 個の未知数 $a_1, a_2, \cdots, a_k$ についての k 個の等式からなる連立方程式になっている．よって，これを解けば，$a_1, a_2, \cdots, a_k$ の値が得られ，関数 y が確定する．

式 (4.27) あるいは式 (4.28) を，最小 2 乗法の正規方程式という．

なお，式 (4.28) を掃き出し法で解く際は，行列の積 ${}^t\!A[\ A\quad \boldsymbol{b}\ ]$ を計算して，それを掃き出していけばよい．

76 ■ 第 4 章　曲線のあてはめ

● **ポイント 4.3　最小 2 乗法**

　与えられたデータ点を $(x_1,\ y_1), (x_2,\ y_2), \cdots, (x_n,\ y_n)$ とする．いくつかの基本になる関数 $f_1(x), f_2(x), \cdots, f_k(x)$ を指定し，

$$y = a_1 f_1(x) + a_2 f_2(x) + \cdots + a_k f_k(x)$$

とおく．

　これに最小 2 乗法を適用して，未定係数 $a_1, a_2, \cdots, a_k$ を定めるには，正規方程式

$${}^t A A \boldsymbol{x} = {}^t A \boldsymbol{b}$$

より $\boldsymbol{x}$ を求めればよい．ここに，

$$A = \begin{bmatrix} f_1(x_1) & f_2(x_1) & \cdots & f_k(x_1) \\ f_1(x_2) & f_2(x_2) & \cdots & f_k(x_2) \\ \vdots & \vdots & \ddots & \vdots \\ f_1(x_n) & f_2(x_n) & \cdots & f_k(x_n) \end{bmatrix}, \quad \boldsymbol{x} = \begin{bmatrix} a_1 \\ a_2 \\ \vdots \\ a_k \end{bmatrix}, \quad \boldsymbol{b} = \begin{bmatrix} y_1 \\ y_2 \\ \vdots \\ y_n \end{bmatrix}$$

である．

【例題 4.2】　変数 $x,\ y$ の間に，$y = ax + (b/x)$ の関数関係があることがわかっている．いま，$x,\ y$ に関して次の表の数値が得られている．これに最小 2 乗法を適用して $a,\ b$ を定め，y を x の式で表せ．

x	0.2	0.5	1.0	2.0	4.0	8.0	10.0
y	12.1	4.9	2.9	2.1	2.1	3.4	4.3

【解】　まず，$y = ax + (b/x)$ に $x,\ y$ の値を代入して，次の等式を作る．

$$\begin{cases} 0.2a + 5b = 12.1 \\ 0.5a + 2b = 4.9 \\ a + b = 2.9 \\ 2a + 0.5b = 2.1 \\ 4a + 0.25b = 2.1 \\ 8a + 0.125b = 3.4 \\ 10a + 0.1b = 4.3 \end{cases}, \quad \text{これより } A = \begin{bmatrix} 0.2 & 5 \\ 0.5 & 2 \\ 1 & 1 \\ 2 & 0.5 \\ 4 & 0.25 \\ 8 & 0.125 \\ 10 & 0.1 \end{bmatrix}, \quad \boldsymbol{b} = \begin{bmatrix} 12.1 \\ 4.9 \\ 2.9 \\ 2.1 \\ 2.1 \\ 3.4 \\ 4.3 \end{bmatrix}$$

したがって，正規方程式の拡大係数行列 ${}^t A[\ A\quad \boldsymbol{b}\ ]$ は，

$$\begin{bmatrix} 0.2 & 0.5 & 1 & 2 & 4 & 8 & 10 \\ 5 & 2 & 1 & 0.5 & 0.25 & 0.125 & 0.1 \end{bmatrix} \begin{bmatrix} 0.2 & 5 & 12.1 \\ 0.5 & 2 & 4.9 \\ 1 & 1 & 2.9 \\ 2 & 0.5 & 2.1 \\ 4 & 0.25 & 2.1 \\ 8 & 0.125 & 3.4 \\ 10 & 0.1 & 4.3 \end{bmatrix}$$

となる．この行列の積を計算して，

$$\begin{bmatrix} 185.29 & 7 & 90.57 \\ 7 & 30.338125 & 75.63 \end{bmatrix}$$

が得られ，これを掃き出し法で解くと次のようになる．

$$\begin{array}{ccc} 1 & 0.0377786 & 0.4888013 \\ 0 & 30.0736748 & 72.2083909 \\ \hline 1 & 0.0377786 & 0.4888013 \\ 0 & 1 & 2.4010498 \\ \hline 1 & 0 & 0.3980930 \\ 0 & 1 & 2.4010498 \end{array}$$

これより，$y = 0.398x + (2.401/x)$ が得られ，グラフは図 4.5 のようになる．

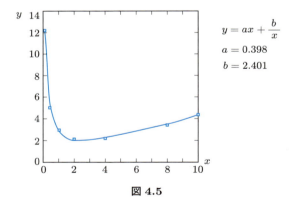

図 **4.5**

変数 x, y の間に $y = af(x) + bg(x)$, ($f(x)$, $g(x)$ は既知関数) の関係があるとき，与えられた x, y のデータから最小 2 乗法によって関数関係を定め，そのグラフを描くプログラム 4.2 をあげておく．また，実行結果の例は，巻末の演習問題解答に示す．

78 ■ 第4章 曲線のあてはめ

プログラム 4.2

```c
/****************************************************/
/*          最  小  2  乗  法          minjijo.c  */
/*  求めた曲線を表す数値データを数表の形で出力する.  */
/****************************************************/
#include <stdio.h>
#include <math.h>
#define    N    11
/***  基本関数の関数値を求める  ***/
void  ffv(int p, double a, double *b)
{   switch( p ){
        case  1:  *b = a;         break;
        case  2:  *b = 1.0 / a;   break;
        case  3:  *b = exp(a);    break;
        case  4:  *b = 1.0;       break;
        default:  *b = a;         break;
    }
}
int main(void)
{   int     f, g, n, i, j, l;
    double  xx, yy, p, q, h, s, fx, gx, c[4][4], d[4];
    double  x[N], y[N], x2[N], x3[N], a[N][4], b[4][N];
    double  xi;
    char    z, zz;
    printf("このプログラムは最小2乗法によって \n");
    printf(" y = a*f(x) + b*g(x) \n");
    printf(" の形の曲線をあてはめるものです. \n\n");
    printf("基本関数f(x), g(x)を1～4の番号で選択");
    printf("してください\n");
    while( 1 ){
        printf("f(x)=[1:(x),2:(1/x),3:(e^x)]--> ");
        scanf("%d%c",&f,&zz);
        if((1 <= f) && (f <= 3))    break;
    }
    while( 1 ){
        printf("g(x)=[1:(x),2:(1/x),3:(e^x),4(定数)]-->");
        scanf("%d%c",&g,&zz);
        if((1 <= g) && (g <= 4))    break;
    }
    /***  データの入力  ***/
    while( 1 ){
        printf("データの個数は何個ですか？(1<n<10)  n = ");
        scanf("%d%c",&n,&zz);
        if((n <= 1) || (10 <= n ))    continue;
        printf("\nデータxの値は小から大の順に入力する. \n");
        for(i=1; i<=n; i++) {
            printf("X = "); scanf("%lf%c",&x[i],&zz);
            printf("Y = "); scanf("%lf%c",&y[i],&zz);
            /***  関数を呼び出す  ***/
```

4.2 最小2乗法 ■ 79

```c
49              xi = x[i];
50              ffv(f, xi, &fx);        ffv(g, xi, &gx);
51              x2[i] = fx;             x3[i] = gx;
52              a[i][1] = x2[i];        a[i][2] = x3[i];
53              a[i][3] = y[i];         b[1][i] = a[i][1];
54              b[2][i] = a[i][2];
55          }
56          printf("\n正しく入力しましたか？(y/n) ");
57          scanf("%c%c",&z,&zz);
58          if(z == 'y')  break;
59      }
60      /*** tA・Aを計算して配列 c[2][3] に入れる ***/
61      for(i=1; i<=2; i++) {
62          for(j=1; j<=3; j++) {
63              s = 0.0;
64              for(l=1; l<=n; l++)
65                  { s = s + b[i][l] * a[l][j];  }
66              c[i][j] = s;
67          }
68      }
69      /*** 正規方程式をガウス・ジョルダン法で解く ***/
70      for(i=1; i<=2; i++) {
71          p = c[i][i];
72          for(j=i; j<=3; j++)
73              {   c[i][j] = c[i][j] / p;  }
74          for(l=1; l<=2; l++) {
75              if(l != i) {
76                  q = c[l][i];
77                  for(j=i; j<=3; j++)
78                      {   c[l][j]=c[l][j] - q*c[i][j]; }
79              }
80          }
81      }
82      /*** 答を配列 d[1], d[2]に入れる ***/
83      for(i=1; i<=2; i++)
84          { d[i] = c[i][3];  }
85      printf("\n求めた基本関数の係数の出力 \n");
86      printf(" a = d[1] = %lf\n",d[1]);
87      printf(" b = d[2] = %lf\n",d[2]);
88      printf("\nエンターキーを押せば数表を出力します. \n");
89      scanf("%c",&zz);
90      /** グラフを描くための準備（数表を出力）**/
91      h = (x[n] - x[1]) / 50.0;        xx = x[1];
92      for(i=0; i<=50; i++){
93          ffv(f, xx, &fx);    ffv(g, xx, &gx);
94          yy = d[1] * fx + d[2] * gx ;
95          printf("%10.6lf  %10.6lf\n",xx,yy);
96          xx = xx + h;
97      }
```

80 ■ 第4章　曲線のあてはめ

```
98      return 0;
99  }
```

▶▶▶　演習問題4

4.1　次の変数 x, y のデータからスプライン関数を求めよ．ただし，$C_1 = 3$，$C_4 = -2.5$
とせよ．

x	1	2	4	5
y	3	5	4	2

4.2　次の変数 x, y のデータからスプライン関数を定め，$x = 3$，$x = 6$ のときの y の値を
求めよ．ただし，$B_1 = -0.6$，$B_4 = 0$ とせよ．

x	0	2	4	5	7
y	3.8	6.2	3.5	2.8	2.1

4.3　2次係数法によってスプライン関数を定め，その数式およびグラフを描くプログラムを
作れ（プログラム4.1を参照）．

4.4　変数 x, y の間に1次関数の関係があり，次のデータが得られている．これに最小2乗
法を適用して，関数関係を定めよ．

x	1.0	1.5	2.0	3.0	5.0
y	2.4	4.0	6.2	9.5	17.1

4.5　金属の電気抵抗 R は温度 t によって変化し，温度変化の小さい範囲では，R の変化量
は t の変化量に比例すると考えてよい．いま，銅の電気抵抗と温度の関係を実験によって
調べたところ，次のようなデータを得た．これより，R と t の関係式を求めよ．

$t\,[°\mathrm{C}]$	18	28	38	48	58	68	78	88	98
$R\,[\Omega]$	15.2	15.9	16.7	16.9	17.4	18.0	18.7	19.3	19.8

4.6　次の関数表に最小2乗法を用いて，x と y の関数関係を定めよ．

x	1.0	2.0	3.0	4.0
y	2.5	8.0	19.0	45.0

演習問題 4　■　81

(1)　$y = ax^b$ とおくとき.

(2)　$y = ae^{bx}$ とおくとき (e は自然対数の底).

(ヒント：$y = ax^b$ のとき，対数をとると $\log y = b \log x + \log a$ となる．$\log x = X$，$\log y = Y$，$\log a = A$ とおいて，X，Y に関して最小 2 乗法を適用して，b，A を求め，A を a に戻せ．また，$y = ae^{bx}$ のときも同様にせよ.)

4.7　次の表は，ひずみ計による H 形鋼のたわみ測定のデータである．これに次の関数をあてはめ，最小 2 乗法を適用して x，y の関係式を定めよ．また，その曲線をグラフ化せよ．

(1)　$y = a\sqrt{x} + b$　　(2)　$y = ax^{3/5} + b$

支点からの距離 x [mm]	0	300	500	700	900
たわみ量 y [mm]	0	0.7	0.9	1.2	1.3

4.8　$y = ax^b$ の関数関係があるとき，与えられた x，y のデータから最小 2 乗法によって a，b を定めるプログラムを，前述のプログラム 4.2 を修正して作れ．

第5章 チェビシェフ補間

この章では，チェビシェフ多項式とそれによる近似および補間について述べる．このチェビシェフ補間は次章の数値積分にも応用される．なお，ルジャンドル多項式も次章で必要になるので，あわせてこの章で取り上げておく．

5.1 チェビシェフ多項式

n を 0 以上の整数として，$T_n = \cos n\theta \, (0 \leqq \theta \leqq \pi)$ を考えよう．

$$T_0 = 1, \quad T_1 = \cos\theta, \quad T_2 = \cos 2\theta = 2\cos^2\theta - 1,$$
$$T_3 = \cos 3\theta = 4\cos^3\theta - 3\cos\theta$$

となる．

これらの右辺はすべて $\cos\theta$ の式になっているので，$x = \cos\theta$ とおくと，上の T_0, T_1, T_2, T_3 はすべて x の多項式になる．

さらに，$x = \cos\theta$ より，$\theta = \cos^{-1}x$（主値）となるから，$T_n = \cos n\theta = \cos(n\cos^{-1}x)$ と書ける．すなわち，T_n は n に依存する x の関数であり，

$$T_n(x) = \cos(n\cos^{-1}x), \quad (n = 0, 1, 2, \cdots) \tag{5.1}$$

と表す．この記号を用いると，上に示したことより，

$$T_0(x) = 1, \, T_1(x) = x, \, T_2(x) = 2x^2 - 1, \, T_3(x) = 4x^3 - 3x$$

となる．

三角関数の和を積に直す公式および積を和に直す公式から，次の関係が容易に導かれる．

$$T_n(x) = 2xT_{n-1}(x) - T_{n-2}(x), \quad (n \geqq 2) \tag{5.2}$$

$$T_m(x)T_n(x) = \frac{1}{2}\{T_{|m-n|}(x) + T_{m+n}(x)\} \tag{5.3}$$

漸化式 (5.2) を用いると，

$$\begin{aligned}
T_4(x) &= 2xT_3(x) - T_2(x) \\
&= 2x(4x^3 - 3x^2) - (2x^2 - 1) = 8x^4 - 8x^2 + 1 \\
T_5(x) &= 2xT_4(x) - T_3(x) \\
&= 2x(8x^4 - 8x^2 + 1) - (4x^3 - 3x) = 16x^5 - 20x^3 + 5x
\end{aligned}$$

となる．以下，この漸化式 (5.2) を繰り返し用いることにより，一般に，

"$T_n(x)$ は x の n 次の多項式で x^n の係数は 2^{n-1} に等しい"

ことがわかる．この $T_n(x)$ を**チェビシェフ (Chebyshev) 多項式**という．

また，x のべき x^n を区間 $[-1, 1]$ に制限して考え，これをチェビシェフ多項式 $\{T_j(x)\}$ の1次結合で表すには，漸化式 (5.3) が有用である．

$1 = T_0(x)$, $x = T_1(x)$ だから，x^2, x^3 について次の等式が成り立つ．

$$x^2 = xx = T_1(x)T_1(x) = \frac{1}{2}\{T_0(x) + T_2(x)\} = \frac{1}{2}\{1 + T_2(x)\}$$

$$x^3 = x^2x = \frac{1}{2}\{1 + T_2(x)\}T_1(x) = \frac{1}{2}\{T_1(x) + T_2(x)T_1(x)\}$$

$$= \frac{1}{2}\left[T_1(x) + \frac{1}{2}\{T_1(x) + T_3(x)\}\right] = \frac{1}{2^2}\{3T_1(x) + T_3(x)\}$$

以下，同様にして，$x^4, x^5, \cdots$ もチェビシェフ多項式の1次結合で表すことができる．

次の表5.1は $T_n(x)$ を x の多項式で，表5.2は x^n をチェビシェフ多項式 $\{T_j(x)\}, (j = 0, 1, \cdots, n)$ の一次結合でそれぞれ表す簡便法である．

次に，チェビシェフ多項式に関する基本的な諸性質をあげておく．

$|T_n(x)| \leqq 1, \quad (-1 \leqq x \leqq 1)$

$T_{2n}(x)$ は偶関数であり，$T_{2n}(1) = 1, \qquad T_{2n}(0) = (-1)^n$

$T_{2n+1}(x)$ は奇関数であり，$T_{2n+1}(1) = 1, \qquad T_{2n+1}(0) = 0, \quad (n \geqq 0)$

微分と積分に関しては，次の性質がある．(積分定数は省略)

$$\frac{d}{dx}T_n(x) = \frac{n}{2(1 - x^2)}\{T_{n-1}(x) - T_{n+1}(x)\}, \quad (n \geqq 1)$$

$$\int T_0(x)dx = T_1(x), \qquad \int T_1(x)dx = \frac{1}{4}T_2(x)$$

$$\int T_n(x)dx = \frac{1}{2}\left\{\frac{T_{n+1}(x)}{n+1} - \frac{T_{n-1}(x)}{n-1}\right\}, \quad (n \geqq 2)$$

$$\int_{-1}^{1} T_{2n}(x)dx = -\frac{2}{(2n)^2 - 1}, \qquad \int_{-1}^{1} T_{2n+1}(x)dx = 0, \quad (n \geqq 0)$$

表 5.1 $T_n(x)$ の $\{x^j\}(j=0,1,2,\cdots,n)$ による一次結合表示 (値は係数を示す)

	1	x	x^2	x^3	x^4	x^5	x^6	x^7	x^8	x^9	x^{10}
T_0	1										
T_1		1						a			
T_2	-1		2				b		$c=2b-a$		
T_3		-3		4				c			
T_4	1		-8		8						
T_5		5		-20		16					
T_6	-1		18		-48		32				
T_7		-7		56		-112		64			
T_8	1		-32		160		-256		128		
T_9		9		-120		432		-576		256	
T_{10}	-1		50		-400		1120		-1280		512

表 5.2 x^n の $\{T_j(x)\}(j=0,1,2,\cdots,n)$ による一次結合表示 (注意参照)

	T_0	T_1	T_2	T_3	T_4	T_5	T_6	T_7	T_8	T_9	T_{10}
1	1										
x		1									
x^2	1		1								
x^3		3		1							
x^4	3		4		1						
x^5		10		5		1					
x^6	10		15		6		1				
x^7		35		21		7		1			
x^8	35		56		28		8		1		
x^9		126		84		36		9		1	
x^{10}	126		210		120		45		10		1

注意： $x^n(n \geqq 2)$ の行に $2^{-(n-1)}$ を掛けた数が x^n を $\{T_j(x)\}, (j=0,1,\cdots,n)$ の一次結合で表したときの係数である.

5.2 チェビシェフ多項式による近似

$f(x)$ を閉区間 $[a, b]$ で定義された連続関数とする．$P_n(x)$ を n 次の多項式とし，

$$e(x) = f(x) - P_n(x)$$

とおく．x が区間 $[a, b]$ 内を変化するとき，$|e(x)|$ の最大値を考えて，

$$E(P_n) = \max_{a \leqq x \leqq b} |e(x)|$$

とおく．$E(P_n)$ を最小にする $P_n(x)$ を，$f(x)$ の区間 $[a, b]$ における n 次の最良近似多項式という．

最良近似を考える場合は，チェビシェフ多項式が重要な役割を果たす．すなわち，次の定理が成り立つ．

■ ポイント 5.1　最良近似多項式

$Q_n(x)$ を x の n 次の多項式とする．区間 $[-1, 1]$ において，$Q_n(x)$ をチェビシェフ多項式で表したものを，

$$Q_n(x) = c_0 T_0(x) + c_1 T_1(x) + \cdots + c_{n-1} T_{n-1}(x) + c_n T_n(x)$$

とする．このとき，$Q_n(x)$ から $c_n T_n(x)$ を削除した次の式

$$S_{n-1}(x) = c_0 T_0(x) + c_1 T_1(x) + \cdots + c_{n-1} T_{n-1}(x)$$

は，区間 $[-1, 1]$ における $Q_n(x)$ の $n-1$ 次の最良近似多項式である．

【証明】　$e(x) = Q_n(x) - S_{n-1}(x) = c_n T_n(x)$．したがって，

$$|e(x)| = |c_n T_n(x)| = |c_n||T_n(x)| \leqq |c_n|$$

ゆえに，次の不等式が成り立つ．

$$E(S_{n-1}) = \max_{-1 \leqq x \leqq 1} |e(x)| \leqq |c_n| \tag{5.4}$$

一方，$P_{n-1}(x)$ を $n-1$ 次の任意の多項式とし，

$$d(x) = \frac{1}{c_n} \{Q_n(x) - P_{n-1}(x)\}$$

とおく．$d(x)$ は n 次の多項式で，かつ，x^n の係数は 2^{n-1} である（$T_n(x)$ の x^n の係数が 2^{n-1} だから）．

一般に，"x^n の係数が 2^{n-1} である n 次の多項式は開区間 $(-1, 1)$ のある点 ξ において絶対値が 1 以上になる"（文献 [9] 参照）ということが知られているので，

$$1 \leqq |d(\xi)| = \left| \frac{1}{c_n} \{Q_n(\xi) - P_{n-1}(\xi)\} \right|, \quad \therefore \quad |\{Q_n(\xi) - P_{n-1}(\xi)\}| \geqq |c_n|$$

したがって，

86 ■ 第 5 章　チェビシェフ補間

$$E(P_{n-1}) = \max_{-1 \leqq x \leqq 1} |Q_n(x) - P_{n-1}(x)| \geqq |c_n| \tag{5.5}$$

ゆえに，式 (5.4)，(5.5) より，

$$E(S_{n-1}) \leqq |c_n| \leqq E(P_{n-1})$$

よって，$S_{n-1}(x)$ は $Q_n(x)$ の最良近似多項式である.

　実際に，n 次の多項式 $f(x)$ の $n-1$ 次の最良近似多項式を求めるには，$T_n(x)$ を x の多項式で表した式を 0 とおく．この式から x^n について解いて，それを $f(x)$ の x^n の項に代入して，$n-1$ 次式を作ればよい.

【例題 5.1】　区間 $[-1,\ 1]$ において，$y = 2x^4 - x^3 + 5x + 1$ の 3 次の最良近似多項式を求めよ.

【解】　$T_4(x) = 8x^4 - 8x^2 + 1$ だから，この式を 0 とおき，x^4 について解くと，$x^4 = x^2 - 1/8$ となる．これを y に代入して，$y = -x^3 + 2x^2 + 5x + 3/4$ となる．これが求める式である.

【例題 5.2】　$f(x) = \sin x\,(-1 \leqq x \leqq 1)$ のできるだけ次数の低い近似多項式を，許容誤差限界 0.001 で求めよ.

【解】　$f(x)$ をマクローリン展開すると，

$$f(x) = \sin x = x - \frac{1}{3!}x^3 + \frac{1}{5!}x^5 - \frac{1}{7!}x^7 + \cdots \tag{5.6}$$

となる．いま，x^5 の項までをとると，打ち切り誤差は剰余項 $R_7 = \cos(\theta x)/7!,\ (0 < \theta < 1)$ で表され，次のように評価される.

$$|R_7| = \left| \frac{\cos(\theta x)}{7!}x^7 \right| \leqq \frac{1}{7!} = 0.00019\cdots < 0.0002$$

したがって，

$$f(x) \fallingdotseq x - \frac{1}{3!}x^3 + \frac{1}{5!}x^5$$

となる．これを $f(x)$ の一つの近似式にとろう．$T_5(x) = 16x^5 - 20x^3 + 5x$ より，$x^5 = (1/16)\{20x^3 - 5x + T_5(x)\}$ となる．これを上式に代入して整理すれば，

$$f(x) \fallingdotseq \frac{383}{384}x - \frac{5}{32}x^3 - \frac{1}{1920}T_5(x)$$

となり，ここで $T_5(x)$ の項を省くと，それから生じる誤差は，

$$\left| \frac{1}{1920}T_5(x) \right| \leqq \frac{1}{1920} = 0.00052\cdots < 0.0006$$

となる．したがって，

$$f(x) \fallingdotseq \frac{383}{384}x - \frac{5}{32}x^3 \tag{5.7}$$

となる．これを近似式にとれば，このときの誤差の限界は，

$$0.0002 + 0.0006 = 0.0008 < 0.001$$

となり指定された許容限度内にある．よって，求める近似式として式 (5.7) をとればよい．

なお，式 (5.6) でいきなり，x^5 以下の項を省くと，そのときの誤差は，

$$\left| \frac{\cos(\theta x)}{5!} x^5 \right| \leqq \frac{1}{5!} = 0.0083 \cdots$$

となり，許容誤差限界 0.001 とはいい難い．

5.3 チェビシェフ補間

次に，一般の関数をチェビシェフの多項式で補間することについて考えよう．

以下において，チェビシェフ多項式の零点が重要な役割を果たすので，まずこれについてみておこう．

$T_{n+1}(x)$ の零点は $T_{n+1}(x) = 0$ より，$\cos\{(n+1)\cos^{-1} x\} = 0$ を満たす．いま，$\cos^{-1} x = \theta$ とおくと $\cos(n+1)\theta = 0$，したがって，

$$(n+1)\theta = k\pi + \frac{\pi}{2}, \quad \theta = \frac{2k+1}{2(n+1)}\pi, \quad (k = 0, 1, \cdots, n)$$

となり，この各 θ に対する $\cos\theta$ が求める零点である．すなわち，$T_{n+1}(x)$ の零点は，次の $\zeta_0, \zeta_1, \cdots, \zeta_n$ の $n+1$ 個である．

$$\zeta_k = \cos\theta_k, \quad \theta_k = \frac{2k+1}{2(n+1)}\pi, \quad (k = 0, 1, \cdots n)$$

この $T_{n+1}(x)$ の零点 $\zeta_0, \zeta_1, \cdots, \zeta_n$ において，チェビシェフ多項式は次のような顕著な性質をもつ．

$$\sum_{k=0}^{n} T_j(\zeta_k) = \begin{cases} n+1 & (j=0) \\ 0 & (1 \leqq j \leqq n) \end{cases} \tag{5.8}$$

$$\sum_{k=0}^{n} T_i(\zeta_k) T_j(\zeta_k) = \begin{cases} n+1 & (i=j=0) \\ \dfrac{n+1}{2} & (i=j \neq 0) \\ 0 & (i \neq j) \end{cases} \tag{5.9}$$

式 (5.9) は式 (5.3) と式 (5.8) から容易に導けるので，式 (5.8) だけ証明しておく．証明の前に，式変形の便宜上，前記の θ_k の定義を $k = -1, n+1$ に対しても拡張しておく．

さて，$j = 0$ の場合は明らかである．$1 \leqq j \leqq n$ の場合は，

$$P = \left\{ \sum_{k=0}^{n} T_j(\zeta_k) \right\} \sin 2j\theta_0 = \left(\sum_{k=0}^{n} \cos j\theta_k \right) \sin 2j\theta_0 = \sum_{k=0}^{n} \cos j\theta_k \sin 2j\theta_0$$

$$= \frac{1}{2} \sum_{k=0}^{n} \{ \sin j(\theta_k + 2\theta_0) - \sin j(\theta_k - 2\theta_0) \}$$

となる．ここで，$\theta_k + 2\theta_0 = (2k+1+2)\pi/\{2(n+1)\} = \theta_{k+1}$，同様に，$\theta_k - 2\theta_0 = \theta_{k-1}$ となるから，

$$P = \frac{1}{2} \sum_{k=0}^{n} (\sin j\theta_{k+1} - \sin j\theta_{k-1})$$

$$= \frac{1}{2} (\sin j\theta_{n+1} + \sin j\theta_n - \sin j\theta_0 - \sin j\theta_{-1})$$

となる．$\sin j\theta_{-1} = -\sin j\theta_0$ となることに注意して，前の 2 項の和を積に直せば，

$$P = \sin \left(j \frac{\theta_{n+1} + \theta_n}{2} \right) \cdot \cos \left(j \frac{\theta_{n+1} - \theta_n}{2} \right)$$

$$= \sin j\pi \cos \frac{j\pi}{2(n+1)} = 0$$

ゆえに，

$$\left\{ \sum_{k=0}^{n} T_j(\zeta_k) \right\} \sin 2j\theta_0 = 0$$

が成り立つ．$\sin 2j\theta_0 \neq 0$ から，$\displaystyle\sum_{k=0}^{n} T_j(\zeta_k) = 0$ である．

■ ポイント 5.2　チェビシェフ多項式による補間公式

閉区間 $[-1,\ 1]$ で定義された関数 $f(x)$ の，$T_{n+1}(x)$ の零点 $\zeta_0, \zeta_1, \cdots, \zeta_n$ を補間点とする補間多項式 $f_n(x)$ を，$T_0(x), T_1(x), \cdots, T_n(x)$ で表し，

$$f_n(x) = \sum_{j=0}^{n} C_j T_j(x) \tag{5.10}$$

とおく．このとき，各係数 C_j は次の式で与えられる．

$$C_0 = \frac{1}{n+1} \sum_{k=0}^{n} f(\zeta_k) \tag{5.11}$$

$$C_j = \frac{2}{n+1} \sum_{k=0}^{n} f(\zeta_k) T_j(\zeta_k), \quad (j = 1, 2, \cdots, n) \tag{5.12}$$

$f_n(x)$ を $f(x)$ の n 次のチェビシェフ補間多項式という．

【注意】　$f(x)$ が閉区間 $[-1,\ 1]$ で C^{n+1} 級のときは，$f(x)$ と $f_n(x)$ の差は次のように表さ

れる.

$$f(x) - f_n(x) = \frac{f^{(n+1)}(\xi)}{2^n(n+1)!}T_{n+1}(x)$$

ここに, ξ は x および $T_{n+1}(x)$ の零点 $\zeta_0, \zeta_1, \cdots, \zeta_n$ に依存して決まる開区間 $(-1,\ 1)$ 内の点である.

【証明】 $f_n(x)$ は $f(x)$ の補間式だから,

$$f_n(\zeta_k) = f(\zeta_k), \quad (k = 0, 1, \cdots, n)$$

である. したがって, 次のようになる.

$$C_0 T_0(\zeta_0) + C_1 T_1(\zeta_0) + \cdots + C_n T_n(\zeta_0) = f(\zeta_0)$$
$$C_0 T_0(\zeta_1) + C_1 T_1(\zeta_1) + \cdots + C_n T_n(\zeta_1) = f(\zeta_1)$$
$$\vdots$$
$$C_0 T_0(\zeta_n) + C_1 T_1(\zeta_n) + \cdots + C_n T_n(\zeta_n) = f(\zeta_n)$$

$j(0 \leqq j \leqq n)$ を固定して, これらの等式に上から順に,

$$T_j(\zeta_0), T_j(\zeta_1), \cdots, T_j(\zeta_n)$$

を掛けて加え, 式 (5.9) を適用すれば,

$$j = 0 \text{ のとき,} \quad (n+1)C_0 = \sum_{k=0}^{n} f(\zeta_k)T_0(\zeta_k) = \sum_{k=0}^{n} f(\zeta_k)$$

$$1 \leqq j \leqq n \text{ のとき,} \quad \frac{n+1}{2}C_j = \sum_{k=0}^{n} f(\zeta_k)T_j(\zeta_k)$$

となる. これより, 求める式が得られる.

【例題 5.3】 $y = e^x (-1 \leqq x \leqq 1)$ を $T_6(x)$ の零点で補間して, チェビシェフ補間多項式を求めよ. また, それより $x = 0$, $x = 0.5$, $x = 1$ のときの値を求めよ.

【解】 $\zeta_k = \cos\{(2k+1)\pi/12\}$, $T_j(\zeta_k) = \cos\{j(2k+1)\pi/12\}$ より, 次の表が得られる.

ζ_k	$f(\zeta_k)$	$T_1(\zeta_k)$	$T_2(\zeta_k)$	$T_3(\zeta_k)$	$T_4(\zeta_k)$	$T_5(\zeta_k)$
0.96593	2.62722	0.90593	0.86603	0.70711	0.5	0.25882
0.70711	2.02812	0.70711	0	-0.70711	-1	-0.70711
0.25882	1.29540	0.25882	-0.86603	-0.70711	0.5	0.96593
-0.25882	0.77196	-0.25882	-0.86603	0.70711	0.5	-0.96593
-0.70711	0.49307	-0.70711	0	0.70711	-1	0.70711
-0.96593	0.38063	-0.96593	0.86603	-0.70711	0.5	-0.25882

したがって，

$$\sum_{k=0}^{5} f(\zeta_k) = 7.596400, \qquad \sum_{k=0}^{5} f(\zeta_k)T_1(\zeta_k) = 3.390974,$$

$$\sum_{k=0}^{5} f(\zeta_k)T_2(\zeta_k) = 0.814493, \qquad \sum_{k=0}^{5} f(\zeta_k)T_3(\zeta_k) = 0.133007,$$

$$\sum_{k=0}^{5} f(\zeta_k)T_4(\zeta_k) = 0.016415, \qquad \sum_{k=0}^{5} f(\zeta_k)T_5(\zeta_k) = 0.001620$$

ゆえに，

$$C_0 = 1.266067, \quad C_1 = 1.130325, \quad C_2 = 0.271498, \quad C_3 = 0.044336,$$
$$C_4 = 0.005472, \quad C_5 = 0.000540$$

である．よって，

$$e^x \fallingdotseq C_0 T_0(x) + C_1 T_1(x) + C_2 T_2(x) + C_3 T_3(x) + C_4 T_4(x) + C_5 T_5(x)$$

となる．また，これを x の多項式で表すと，

$$e^x \fallingdotseq C_0 + C_1 x + C_2(2x^2 - 1) + C_3(4x^3 - 3x) + C_4(8x^4 - 8x^2 + 1)$$
$$+ C_5(16x^5 - 20x^3 + 5x)$$
$$= 1.000041 + 1.000017x + 0.49922x^2 + 0.166544x^3 + 0.043776x^4$$
$$+ 0.00864x^5$$

これより，次の値が得られる．

$$e^0 \fallingdotseq 1.000041, \quad e^{0.5} \fallingdotseq 1.648679, \quad e^1 \fallingdotseq 2.718238$$

5.4 ルジャンドル多項式

次章の 6.3 節で必要になるルジャンドルの多項式について，必要な基本事項を簡単にまとめておく．

次の式で定義された関数 $P_n(x)$ を，ルジャンドル (Legendre) 多項式という．

$$P_n(x) = \frac{1}{2^n n!} \frac{d^n}{dx^n} (x^2 - 1)^n, \quad (n = 0, 1, 2, \cdots)$$

この定義にもとづいて，$P_n(x)\,(n = 0, 1, 2, 3)$ を具体的に書くと，次のようになる．

$$P_0(x) = \frac{1}{2^0 0!} \frac{d^0}{dx^0} (x^2 - 1)^0 = 1$$

$$P_1(x) = \frac{1}{2^1 1!} \frac{d}{dx} (x^2 - 1) = x$$

$$P_2(x) = \frac{1}{2^2 2!} \frac{d^2}{dx^2} (x^2 - 1)^2 = \frac{1}{2}(3x^2 - 1)$$

$$P_3(x) = \frac{1}{2^3 3!} \frac{d^3}{dx^3} (x^2 - 1)^3 = \frac{1}{2}(5x^3 - 3x)$$

$(x^2 - 1)^n$ を 2 項定理で展開すると x の $2n$ 次の多項式になり，かつ，x の偶数乗の項のみから成り立っている．これを n 回微分すると，x の n 次の多項式になり，かつ，各項の次数は n から 2 ずつ下がっていく．また，その最高次の x^n の係数は $2n(2n-1)\cdots(n+1)$ となる．

したがって，$P_n(x)$ は x の n 次の多項式で，最高次の x^n の係数は，

$$\frac{2n(2n-1)\cdots(n+1)}{2^n n!} = \frac{(2n)!}{2^n (n!)^2}$$

である．

なお，各項の次数は n から 2 ずつ下がっていくから，$P_n(x)$ は n が偶数ならば偶関数，奇数ならば奇関数である．

■ ポイント5.3　ルジャンドルの多項式

$P_n(x)$ の基本的な性質をあげておく．

(a)　$P_n(-x) = (-1)^n P_n(x)$

(b)　$P_n(1) = 1,\ P_n(-1) = (-1)^n$

(c)　$\displaystyle\int_{-1}^{1} x^k P_n(x) dx = 0 \quad (n \geqq 1, k = 0, 1, 2, \cdots, n-1)$

(c′)　高々 $n-1$ 次の多項式 $Q(x)$ に対して，$\displaystyle\int_{-1}^{1} Q(x) P_n(x) dx = 0$

(d)　$P_n(x) = 0$ は相異なる n 個の実数解を開区間 $(-1,\ 1)$ 内にもつ．

(e)　次の漸化式が $n \geqq 1$ に対して成り立つ．
$$(n+1)P_{n+1}(x) - (2n+1)x P_n(x) + n P_{n-1}(x) = 0$$

(c), (c′) についてだけ証明しておこう．まず，

$$\left[\frac{d^k}{dx^k}(x^2 - 1)^n \right]_{x=\pm 1} = 0, \quad (0 \leqq k \leqq n-1) \tag{5.13}$$

である．$k = 0$ のときは明らか．$1 \leqq k \leqq n-1$ のときは，

$$\frac{d^k}{dx^k}(x^2 - 1)^n = \frac{d^k}{dx^k}(x-1)^n (x+1)^n$$

であるが，$(x-1)^n(x+1)^n$ に積に対する高階微分のライプニッツの定理を適用すると，

$$\frac{d^k}{dx^k}(x^2 - 1)^n = \sum_{j=0}^{k} {}_k C_j \left\{ \frac{d^j}{dx^j}(x-1)^n \right\} \left\{ \frac{d^{k-j}}{dx^{k-j}}(x+1)^n \right\}$$

となる.

$0 \leqq j \leqq k \leqq n-1$ だから，右辺の各項は $x-1$, $x+1$ をともに因数にもつ．したがって，次の等式が成り立つ.

$$\left[\frac{d^k}{dx^k}(x^2-1)^n \right]_{x=\pm 1} = 0$$

このことに注意して，$0 \leqq k \leqq n-1$ のとき，

$$\int_{-1}^{1} x^k \frac{d^n}{dx^n}(x^2-1)^n dx = 0$$

を示そう．部分積分を繰り返すと，次のようになる.

$$\int_{-1}^{1} x^k \frac{d^n}{dx^n}(x^2-1)^n dx$$

$$= \left[x^k \frac{d^{n-1}}{dx^{n-1}}(x^2-1)^n \right]_{-1}^{1} - \int_{-1}^{1} kx^{k-1} \frac{d^{n-1}}{dx^{n-1}}(x^2-1)^n dx$$

$$= -k \int_{-1}^{1} x^{k-1} \frac{d^{n-1}}{dx^{n-1}}(x^2-1)^n dx$$

$$= (-1)^2 k(k-1) \int_{-1}^{1} x^{k-2} \frac{d^{n-2}}{dx^{n-2}}(x^2-1)^n dx$$

$$\vdots$$

$$= (-1)^k k(k-1)\cdots 2 \cdot 1 \int_{-1}^{1} \frac{d^{n-k}}{dx^{n-k}}(x^2-1)^n dx$$

$$= (-1)^k k(k-1)\cdots 2 \cdot 1 \cdot \left[\frac{d^{(n-k-1)}}{dx^{(n-k-1)}}(x^2-1)^n \right]_{-1}^{1} = 0$$

$$(0 \leqq n-k-1 \leqq n-1 \text{ と式 (5.13) による})$$

したがって，次の等式が成り立つ.

$$\int_{-1}^{1} x^k P_n(x) dx = 0$$

次に，高々 $n-1$ 次の多項式 $Q(x) = \sum_{k=0}^{n-1} a_k x^k$ に対して，

$$\int_{-1}^{1} Q(x) P_n(x) dx = \int_{-1}^{1} \left(\sum_{k=0}^{n-1} a_k x^k \right) P_n(x) dx$$

$$= \sum_{k=0}^{n-1} a_k \int_{-1}^{1} x^k P_n(x) dx = 0$$

となり，(c)，(c′) が導かれる．

▶▶▶ **演習問題 5**

5.1 次の式をチェビシェフ多項式で表せ．

(1) $2x^4 + 7x^2 + 1$ (2) $3x^5 - 2x^3 + x - 5$

5.2 次のチェビシェフ多項式を x の多項式で表せ．

(1) $2T_3(x) - 4T_2(x)$ (2) $8T_6(x) - T_3(x) + T_1(x)$

5.3 区間 $[-1, 1]$ において，$y = x^3 + 2x^2 - x + 1$ の 2 次の最良近似多項式を求めよ．

5.4 次の関数のできるだけ次数の低い近似多項式を，許容誤差限界を 0.0001 として求めよ．
ただし，$-1 \leqq x \leqq 1$ とする．

(1) $y = \cos x$ (2) $y = e^x$

5.5 $y = \sin x$ $(-1 \leqq x \leqq 1)$ を $T_6(x)$ の零点で補間して，チェビシェフ補間多項式を求めよ．また，$x = 0.5$，0.8，1 のときの値を求めよ．

5.6 $P_4(x)$，$P_5(x)$，$P_6(x)$ を求めよ．

5.7 $P_0(x)$，$P_1(x)$，$P_2(x)$，$P_3(x)$ のグラフの概形を書き，ポイント 5.3 の (d) を確かめよ．

第6章 数値積分

定積分 $\int_a^b f(x)dx$ の値を知ることは，数学はもちろん，物理学や工学等多くの分野で必要になるが，$f(x)$ の形によっては原始関数が求められなかったり，求めるための計算が煩雑であったりすることがある．また，工学の応用面では関数 $f(x)$ 自体が未知であるため，x の有限個の点における関数値を実験や測定によって求め，そのデータをもとにして積分値を推定しなければならないという場合もある．このようなことから，積分値を近似的に求める数値積分の方法がいろいろと考えられている．

ここでは，台形公式，シンプソンの公式，ガウス型数値積分公式，2重指数関数型数値積分公式および2重積分の数値積分について述べる．

6.1 台形公式

定積分 $\int_a^b f(x)dx$ は，分点 $a = x_0 < x_1 < \cdots < x_n = b$ に対して，

$$\int_a^b f(x)dx = \int_{x_0}^{x_1} f(x)dx + \int_{x_1}^{x_2} f(x)dx + \cdots + \int_{x_{n-1}}^{x_n} f(x)dx$$

と書ける．$f(x)$ を各小区間 $I_j = [x_{j-1}, x_j]$ ごとに容易に積分できる関数で近似して積分し，それらの値を合計して定積分の近似値とするのが数値積分の基本的な考え方の一つである (図 6.1)．

以下において，表現を簡潔にするために，点 x_j における $f(x)$ の値 $f(x_j)$ を f_j で，グラフ上の点 (x_j, f_j) を P_j でそれぞれ表す．

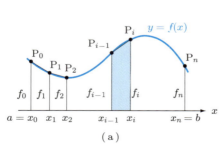
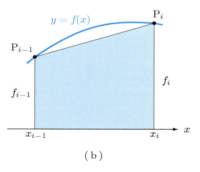

図 6.1

6.1 台形公式 ■ **95**

　台形公式は各小区間での $f(x)$ の近似式として，小区間の端点におけるグラフ上の点 P_{i-1}，P_i を結ぶ 1 次式 (直線) をとり，それを積分して合計するというものである．なお，台形の面積は $f(x) > 0$ のときは図形の公式で簡単に求められるが，ここでは小区間ごとに実際に積分してみよう．

　2 点 P_{i-1}，P_i を通る直線の式は，

$$y = \frac{f_i - f_{i-1}}{x_i - x_{i-1}}(x - x_{i-1}) + f_{i-1}$$

であるから，$[x_{i-1},\ x_i]$ 上の積分は次のようになる．

$$\int_{x_{i-1}}^{x_i} f(x)dx \fallingdotseq \int_{x_{i-1}}^{x_i} \left\{ \frac{f_i - f_{i-1}}{x_i - x_{i-1}}(x - x_{i-1}) + f_{i-1} \right\} dx$$

$$= \left[\frac{f_i - f_{i-1}}{x_i - x_{i-1}} \cdot \frac{1}{2}(x - x_{i-1})^2 + f_{i-1} \cdot x \right]_{x_{i-1}}^{x_i}$$

$$= \frac{1}{2}(f_i - f_{i-1})(x_i - x_{i-1}) + f_{i-1}(x_i - x_{i-1})$$

$$= \frac{1}{2}(x_i - x_{i-1})(f_i + f_{i-1})$$

簡単のために，各小区間の幅を $h_i = x_i - x_{i-1}$ とおけば，

$$\int_{x_{i-1}}^{x_i} f(x)dx \fallingdotseq \frac{1}{2}h_i(f_{i-1} + f_i), \quad (i = 1, 2, \cdots, n)$$

となる．これらを全部加えると，

$$\int_a^b f(x)dx \fallingdotseq \frac{1}{2}\sum_{i=1}^{n} h_i(f_{i-1} + f_i)$$

となり，右辺をさらに書き換えると，

$$\int_a^b f(x)dx \fallingdotseq \frac{1}{2}\{h_1(f_0 + f_1) + h_2(f_1 + f_2) + \cdots + h_n(f_{n-1} + f_n)\}$$

$$= \frac{1}{2}\{h_1 f_0 + (h_1 + h_2)f_1 + \cdots + (h_{n-1} + h_n)f_{n-1} + h_n f_n\}$$

$$= \frac{1}{2}\left\{ h_1 f_0 + \sum_{i=1}^{n-1}(h_i + h_{i+1})f_i + h_n f_n \right\}$$

となる．以上により，次の台形公式が得られる．

■ **ポイント6.1　台形公式**

$\displaystyle\int_a^b f(x)dx$ において，積分区間 $[a,\ b]$ の分点を $a = x_0, x_1, \cdots, x_n = b$，これらの点での関数値を $f_0, f_1, \cdots, f_n$ とする．また，$h_i = x_i - x_{i-1}, (i = 1, 2, \cdots, n)$ とお

96 ■ 第6章 数値積分

く. このとき,

$$\int_a^b f(x)dx \fallingdotseq \frac{1}{2}h_1 f_0 + \sum_{i=1}^{n-1} \frac{h_i + h_{j+1}}{2} f_i + \frac{1}{2}h_n f_n$$

となる. 特に, 等分割のときは,

$$\int_a^b f(x)dx \fallingdotseq \frac{1}{2}h\left\{ f_0 + 2\sum_{i=1}^{n-1} f_i + f_n \right\}$$

ただし, $h = (b-a)/n$ (等分割幅) である.

 台形公式 (等分割) を用いた場合の誤差の限界は, $|f''(x)|$ の区間 $[a, b]$ における上限を M とすれば, $\{(b-a)^3/12n^2\}M$ で与えられる.

 台形公式は, 各 f_i の係数を w_i で表せば, w_i は関数に無関係な定数であり,

$$\int_a^b f(x)dx \fallingdotseq \sum_{i=0}^n w_i f_i$$

の形に書ける.

 一般に, 積分の近似値を, 分点における関数値にある **重み** (関数に無関係な定数) を掛けて合計した形で表したものを, **数値積分公式** とよんでいる.

【例題 6.1】 積分 $I = \displaystyle\int_{-1}^{1}(1-x)e^{-x}dx$ を台形公式 (10 等分) で求めよ.

【解】 区間 $[-1, 1]$ を 10 等分する. 刻み幅はすべて 0.2 である.

$$I \fallingdotseq \frac{1}{2}h(f_0 + f_{10}) + h\sum_{i=1}^{9} f_i$$

$$= 0.5 \cdot 0.2 \cdot (5.436564 + 0) + 0.2 \cdot (4.005974 + 2.915390 + 2.088555$$
$$+ 1.465683 + 1 + 0.654985 + 0.402192 + 0.219525 + 0.089866)$$
$$= 3.1120904$$

また, 20 等分, 30 等分の場合はそれぞれ, $I \fallingdotseq 3.09265$, $I \fallingdotseq 3.08904$ となる.
 なお, 真値は $e + e^{-1} = 3.086161\cdots$ である.

 台形公式による積分をプログラム 6.1 にあげておこう.

プログラム 6.1

```
1  /*****************************************************/
2  /*        台形公式による積分計算        daikei.c    */
3  /*****************************************************/
4  #include <stdio.h>
```

```c
 5  #include <math.h>
 6  #define  FNF(x)   (1.0-x)*exp(-x)
 7  int main(void)
 8  {   int     i, n;
 9      double  a, b, h, s, x;
10      char    z, zz;
11      while( 1 ) {
12          printf("台形公式による積分計算 \n\n");
13          printf(" f(x) = (1.0 - x) * exp(-x)\n\n");
14          printf("積分区間[a , b] の a = ");
15          scanf("%lf%c",&a,&zz);
16          printf("積分区間[a , b] の b = ");
17          scanf("%lf%c",&b,&zz);
18          printf("分 割 数             n = ");
19          scanf("%d%c",&n,&zz);
20          printf("\n\n正しく入力しましたか？(y/n)");
21          scanf("%c%c",&z,&zz);
22          if(z == 'y')      break;
23      }
24      h = (b - a) / n;
25      s = FNF(a) * h / 2.0 + FNF(b) * h / 2.0;
26      for(i=1; i<=n-1; i++) {
27          x = a + h * i;
28          s += FNF(x) * h;
29      }
30      printf("\n積分の近似値 = %10.6lf\n",s);
31      return 0;
32  }
```

6.2　シンプソンの公式

　シンプソンの公式は，積分区間を偶数等分し，$f(x)$ を二つの小区間ごとに 2 次関数 (放物線) で近似して積分するという考えで作られた公式である.

　区間 $[a,\ b]$ を $2n$ 等分して，図 6.2 のように二つ分の区間 $[x_{2i},\ x_{2i+2}]$ ごとに 3 点
$$\mathrm{P}_{2i}(x_{2i},\ f_{2i}),\quad \mathrm{P}_{2i+1}(x_{2i+1},\ f_{2i+1}),\quad \mathrm{P}_{2i+2}(x_{2i+2},\ f_{2i+2})$$
を通る 2 次関数を考える.

　各分点は等間隔に並んでいるから，間隔を h で表そう. 点 x_{2i+1} を改めて原点にとり，この新座標に関する上の 2 次関数の式を
$$Y = AX^2 + BX + C$$
とすれば，これは 3 点
$$(-h,\ f_{2i}),\quad (0,\ f_{2i+1}),\quad (h,\ f_{2i+2})$$
を通っているから，

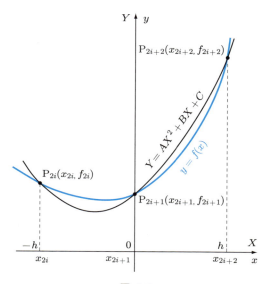

図 6.2

$$Ah^2 - Bh + C = f_{2i}, \quad C = f_{2i+1}, \quad Ah^2 + Bh + C = f_{2i+2}$$

となる．これより，$2(Ah^2 + C) = f_{2i} + f_{2i+2}$ となる．

したがって，この2次関数を区間 $[x_{2i}, x_{2i+2}]$ で積分すると，

$$I_i = \int_{x_{2i}}^{x_{2i+2}} f(x)dx \fallingdotseq \int_{-h}^{h} (AX^2 + BX + C)dX$$

$$= \frac{2}{3}Ah^3 + 2Ch = \frac{1}{3}h\{2(Ah^2 + C) + 4C\}$$

$$I_i \fallingdotseq \frac{1}{3}h\{f_{2i} + 4f_{2i+1} + f_{2i+2}\}$$

となる．これをすべての $i = 0, 1, \cdots, n-1$ について合計すると，次の**シンプソン (Simpson) の 1/3 公式**が得られる．（以下，シンプソンの公式と略称する．）

■ ポイント 6.2　シンプソンの公式

$\int_a^b f(x)dx$ において，積分区間 $[a, b]$ を $2n$ 等分し，分点を $a = x_0, x_1, \cdots, x_{2n} = b$，これらの点での関数値を $f_0, f_1, \cdots, f_{2n}$ とすると，

$$\int_a^b f(x)dx \fallingdotseq \frac{h}{3}\sum_{i=0}^{n-1}(f_{2i} + 4f_{2i+1} + f_{2i+2})$$

$$= \frac{h}{3}\{f_0 + f_{2n} + 2(f_2 + f_4 + \cdots + f_{2n-2}) + 4(f_1 + f_3 + \cdots + f_{2n-1})\} \tag{6.1}$$

となる．ただし，$h = (b-a)/2n$ である．

シンプソンの公式を用いた場合の誤差の限界は，$(b-a)^5 M/(2880n^4)$ であることが知られている．ここに，M は区間 $[a,\ b]$ における $|f^{(4)}(x)|$ の上限である．

式 (6.1) も各 f_i の係数を w_i で表せば，w_i は関数に無関係な定数であり，$\displaystyle\int_a^b f(x)dx \doteqdot \sum_{i=0}^{2n} w_i f_i$ の形をしている．

【**例題 6.2**】 積分 $I = \displaystyle\int_{-1}^1 (1-x)e^{-x}dx$ をシンプソンの公式 (10 等分) で求めよ．

【**解**】 刻み幅 h は 0.2 である．次のような表を作る．

x_i	f_i	x_i	f_i	x_i	f_i
-1.0	5.436564	-0.6	2.915390	-0.8	4.005974
1.0	0.00000	-0.2	1.465683	-0.4	2.088555
		0.2	0.654985	0.0	1
		0.6	0.219525	0.4	0.402192
				0.8	0.089866
合計	5.436564		5.255583		7.586587

これより，積分は次のようになる．

$$I \doteqdot \frac{1}{3} \times 0.2 \times (5.436564 + 2 \times 5.255583 + 4 \times 7.586587)$$

$$= 3.08627\cdots, (\text{真値 } e + e^{-1} = 3.086161\cdots)$$

6.3 ガウス型積分公式

この節では，積分 $\displaystyle\int_{-1}^1 f(x)dx$ について考える．積分区間が一般の区間 $[a,\ b]$ のときは，変数変換

$$x = \tau(t) = \frac{b-a}{2}t + \frac{b+a}{2}$$

を行うことによって,

$$\int_a^b f(x)dx = \frac{b-a}{2}\int_{-1}^1 f\left(\frac{b-a}{2}t + \frac{b+a}{2}\right)dt$$

のように,積分区間を $[-1,\ 1]$ に移せることに注意しよう.

なお,この変数変換 $x = \tau(t)$ は今後よく用いるので,本章では $\tau(t)$ といえばこの関数を指すものとする.

■(I) ガウス・ルジャンドルの数値積分公式

台形公式,シンプソンの公式を導いた際に注意したように,数値積分公式とは f_j を分点 x_j における関数値,w_j を $f(x)$ に無関係な定数として,

$$\int_a^b f(x)dx \fallingdotseq \sum_{j=1}^n w_j f_j \tag{6.2}$$

の形に表すものであった.

ここでは,ラグランジュの補間多項式とルジャンドル多項式の性質を用いて,式 (6.2) 型の数値積分公式を作ってみよう.

$\alpha_1, \alpha_2, \cdots, \alpha_n$ を開区間 $(-1,\ 1)$ の分点とし,これを補間点とする $f(x)$ のラグランジュ補間多項式 (3.1 節) を $L(x)$ とすれば,

$$L(x) = \sum_{j=1}^n L_j(x)f_j = \sum_{j=1}^n \prod_{\substack{k=1\\k\neq j}}^n \left(\frac{x-\alpha_k}{\alpha_j-\alpha_k}\right)f_j$$

となる.したがって,

$$\int_{-1}^1 f(x)dx \fallingdotseq \sum_{j=1}^n \int_{-1}^1 L_j(x)f_j dx = \sum_{j=1}^n w_j f_j \tag{6.3}$$

となる.ここで,w_j は

$$w_j = \int_{-1}^1 L_j(x)dx = \int_{-1}^1 \prod_{\substack{k=1\\k\neq j}}^n \left(\frac{x-\alpha_k}{\alpha_j-\alpha_k}\right)dx \tag{6.4}$$

である.

いま,$\alpha_1, \alpha_2, \cdots, \alpha_n$ としてルジャンドル多項式 $P_n(x)$ の零点をとる (5.4 節で述べたように,$P_n(x)$ は開区間 $(-1,\ 1)$ に n 個の零点をもつ).

すると,上の近似式 (6.3) は $f(x)$ が高々 $2n-1$ 次の多項式のときは等式になることが,次のようにしてわかる.まず,A を定数として,

$$P_n(x) = A\prod_{j=1}^n(x-\alpha_j) \tag{6.5}$$

と書ける.

いま，$f(x)$ を $2n-1$ 次以下の任意の多項式とし，$g(x) = f(x) - L(x)$ とおく．このとき，$g(x)$ は高々 $2n-1$ 次の多項式であり，

$$g(\alpha_j) = f(\alpha_j) - L(\alpha_j) = 0, \quad (j = 1, 2, \cdots, n)$$

となる．ゆえに，$g(x)$ は $x - \alpha_j$ を因数にもち，

$$g(x) = \prod_{j=1}^{n}(x - \alpha_j)Q(x)$$

と表される．ここで，$Q(x)$ は高々 $n-1$ 次の多項式である．したがって，

$$f(x) = L(x) + g(x) = L(x) + \prod_{j=1}^{n}(x - \alpha_j)Q(x)$$

と書ける．両辺を積分して，

$$\int_{-1}^{1} f(x)dx = \int_{-1}^{1} L(x)dx + \int_{-1}^{1} \prod_{j=1}^{n}(x - \alpha_j)Q(x)dx$$

となる．式 (6.5) より，$\prod_{j=1}^{n}(x - \alpha_j) = (1/A)P_n(x)$ となるから，上式に代入して

$$\int_{-1}^{1} f(x)dx = \int_{-1}^{1} L(x)dx + \frac{1}{A}\int_{-1}^{1} P_n(x)Q(x)dx$$

となる．右辺の第 2 項は，5.4 節の (c') により 0 である．ゆえに，

$$\int_{-1}^{1} f(x)dx = \int_{-1}^{1} L(x)dx = \sum_{j=1}^{n}\int_{-1}^{1} L_j(x)f_j dx$$

すなわち，$f(x)$ が $2n-1$ 次以下の多項式のとき，式 (6.3) は近似式ではなく，等式になる．

以上より，次の ガウス・ルジャンドル (Gauss-Legendre) の数値積分公式 が得られる．

ポイント 6.3　ガウス・ルジャンドルの数値積分公式

分点 $\{\alpha_j\}$ をルジャンドル多項式 $P_n(x)$ の零点にとり，重み $w_j(j = 1, 2, \cdots, n)$ を式 (6.4) で定めると，次式が成り立つ．

(1) $\displaystyle\int_{-1}^{1} f(x)dx \fallingdotseq \sum_{j=1}^{n} w_j f_j, \quad f_j = f(\alpha_j)$

(2) $\displaystyle\int_{a}^{b} f(x)dx \fallingdotseq \frac{b-a}{2}\sum_{j=1}^{n} w_j f(x_j), \ x_j = \tau(\alpha_j), \quad \tau(t) = \frac{b-a}{2}t + \frac{b+a}{2}$

102 ■ 第 6 章 数値積分

$n = 4$ の場合について，分点と重みを式 (6.4) より実際に求めてみよう．

分点は $P_4(x) = 0$ の解であるが，$P_4(x) = (1/8)(35x^4 - 30x^2 + 3)$ だから，これを解くと，$x = \pm 0.8611363116,\ \pm 0.3399810436$ が得られる．いま，

$$\alpha_1 = -0.8611363116, \qquad \alpha_2 = -0.3399810436,$$
$$\alpha_3 = 0.3399810436, \qquad \alpha_4 = 0.8611363116$$

とおこう．これらを式 (6.4) から得られる次の式に代入する．

$$w_1 = \int_{-1}^{1} \frac{(x - \alpha_2)(x - \alpha_3)(x - \alpha_4)}{(\alpha_1 - \alpha_2)(\alpha_1 - \alpha_3)(\alpha_1 - \alpha_4)} dx$$

右辺の分子，分母はそれぞれ，

$$\text{分子} = x^3 - (\alpha_2 + \alpha_3 + \alpha_4)x^2 + (\alpha_2\alpha_3 + \alpha_3\alpha_4 + \alpha_4\alpha_2)x - \alpha_2\alpha_3\alpha_4$$
$$\text{分母} = (-0.521155268)(-1.201117355)(-1.722272623)$$
$$= -1.078088646$$

となる．積分範囲が原点に関して対称だから，分子は偶関数のところだけを 0 から 1 まで積分して 2 倍すればよい．したがって，

$$w_1 = 2\int_0^1 \frac{-0.8611363116x^2 + 0.09953625757}{-1.078088646} dx$$
$$= 2\int_0^1 (0.7987620636x^2 - 0.0923265985) dx$$
$$= 2(0.2662540212 - 0.0923265985) = 0.3478548454$$

となる．

同様にして，w_2，w_3，w_4 も計算できる．その結果および $n = 5$，10，20 の場合の

表 6.1 ガウス・ルジャンドルの数値積分公式の分点と重み

n	分点	重み	n	分点	重み
4	±0.86113 63116	0.34785 48451		±0.99312 85992	0.01761 40071
	±0.33998 10436	0.65214 51549		±0.96397 19273	0.04060 14298
5	±0.90617 98459	0.23692 68851		±0.91223 44283	0.06267 20483
	±0.53846 93101	0.47862 86705		±0.83911 69718	0.08327 67416
	0.00000 00000	0.56888 88889	20	±0.74633 19065	0.10193 01198
10	±0.97390 65285	0.06667 13443		±0.63605 36807	0.11819 45320
	±0.86506 33667	0.14945 13492		±0.51086 70020	0.13168 86384
	±0.67940 95683	0.21908 63625		±0.37370 60887	0.14209 61093
	±0.43339 53941	0.26926 67193		±0.22778 58511	0.14917 29865
	±0.14887 43390	0.29552 42247		±0.07652 65211	0.15275 33871

この表は文献 [6] を参照した．

6.3 ガウス型積分公式 ■ 103

数値は，次の表 6.1 のとおりである．

【例題 6.3】 積分 $I = \displaystyle\int_{-2}^{1}(1-x)e^{-x}dx$ を，ガウス・ルジャンドルの積分公式 $(n=10)$ で求めよ．

【解】 積分区間が $[-2,\ 1]$ だから，変数変換 $x = \tau(t) = 1.5t - 0.5$ を行って $[-1,\ 1]$ に直す．

$$I = \int_{-1}^{1}(1.5-1.5t)e^{-1.5t+0.5}\cdot 1.5dt = 1.5^2\int_{-1}^{1}(1-t)e^{-1.5t+0.5}dt$$

積分の部分に公式を適用する．表 6.1 を用いて次のような表を作る．

分点	関数値	重み	積
-0.973907	14.0254751	0.066671	0.93509245
-0.865063	11.2558651	0.149451	1.68220030
-0.679410	7.6718481	0.219086	1.68079451
-0.433395	4.5273567	0.269267	1.21906776
-0.148874	2.3681128	0.295524	0.69983417
0.148874	1.1224277	0.295524	0.33170432
0.433395	0.4876363	0.269267	0.13130436
0.679410	0.1907661	0.219086	0.04179418
0.865063	0.0607771	0.149451	0.00908320
0.973907	0.0099822	0.066671	0.00066552
		合計	6.73154077

よって，$I \fallingdotseq 1.5^2 \times 6.7314077 = 15.14596673\cdots$，(真値 $2e^2 + e^{-1} = 15.1459916\cdots$).

■(II) チェビシェフ補間による堀之内の数値積分公式

積分 $\displaystyle\int_{-1}^{1}f(x)dx$ において，被積分関数を第 5 章の式 (5.10) で示したチェビシェフ補間多項式で置き換えて積分してみよう．

$f(x)$ の n 次のチェビシェフ補間を $\displaystyle\sum_{j=0}^{n}C_j T_j(x)$ とすれば，

$$I = \int_{-1}^{1}f(x)dx \fallingdotseq \sum_{j=0}^{n}C_j\int_{-1}^{1}T_j(x)dx$$

と書ける．5.1 節の積分に関する公式により，j が偶数のところだけ残るから

$$I \fallingdotseq \sum_{j=0}^{[n/2]} C_{2j} \frac{-2}{(2j)^2 - 1} = 2 \left\{ C_0 - \sum_{j=1}^{[n/2]} \frac{C_{2j}}{(2j)^2 - 1} \right\}$$

を得る．ここに，$[n/2]$ は $n/2$ を超えない最大の整数を表す．

右辺の C_0，C_{2j} に式 (5.11)，(5.12) を代入し，総和の順序を変更すれば，

$$I \fallingdotseq \frac{2}{n+1} \left\{ \sum_{k=0}^{n} f(\zeta_k) - 2 \sum_{k=0}^{n} \left[f(\zeta_k) \sum_{j=1}^{[n/2]} \frac{\cos 2j\theta_k}{(2j)^2 - 1} \right] \right\}$$

$$= \frac{2}{n+1} \sum_{k=0}^{n} \left\{ 1 - 2 \sum_{j=1}^{[n/2]} \frac{\cos 2j\theta_k}{(2j)^2 - 1} \right\} f(\zeta_k)$$

となる．ここで，

$$H_n(k) = \frac{1}{n+1} \left\{ 1 - 2 \sum_{j=1}^{[n/2]} \frac{\cos 2j\theta_k}{(2j)^2 - 1} \right\}$$

とおくと，$H_n(k)$ は被積分関数に依存しない定数である．したがって，次の公式が得られる．

■ ポイント 6.4　チェビシェフ補間による堀之内の数値積分公式

自然数 n を指定すると，次が成り立つ．

(1) $\displaystyle \int_{-1}^{1} f(x)dx \fallingdotseq 2 \sum_{k=0}^{n} H_n(k) f(\zeta_k)$

(2) $\displaystyle \int_{a}^{b} f(x)dx \fallingdotseq (b-a) \sum_{k=0}^{n} H_n(k) f(x_k)$

ここに，

$$\zeta_k = \cos\theta_k, \quad \theta_k = \frac{2k+1}{2(n+1)}\pi \tag{6.6}$$

$$x_k = \tau(\zeta_k), \quad \tau(t) = \frac{b-a}{2} t + \frac{b+a}{2} \tag{6.7}$$

$$H_n(k) = \frac{1}{n+1} \left\{ 1 - 2 \sum_{j=1}^{[n/2]} \frac{\cos 2j\theta_k}{(2j)^2 - 1} \right\}, \quad (k = 0, 1, \cdots, n) \tag{6.8}$$

この公式の利点は，分点 ζ_k および重み $H_n(k)$ が任意の自然数 n に対して，式 (6.6)，(6.8) により，コンピュータでプログラムの実行中に直接計算できることにある（この公式は著者が文献 [16] で示したものである）．この公式をプログラム 6.2 にあげておこう．なお，補間点を $T_{n+1}(x)$ の零点にとるとき，n 次の多項式に対しては正確に成り

6.3 ガウス型積分公式 ■ 105

立つ. 参考までに, $n = 4$, 5, 10 のときの分点 ζ_k と重み $H_n(k)$ の値を表 6.2 に示しておく.

表 6.2

n	k		分点 ζ_k	重み $H_n(k)$
4	0,	4	$\pm 0.95105\,65163$	$0.08389\,06142$
	1,	3	$\pm 0.58778\,52523$	$0.26277\,60524$
	2		0	$0.30666\,66667$
5	0,	5	$\pm 0.96592\,58262$	$0.05933\,05106$
	1,	4	$\pm 0.70710\,67812$	$0.18888\,88889$
	2,	3	$\pm 0.25881\,90451$	$0.25178\,06004$
10	0,	10	$\pm 0.98982\,14419$	$0.01769\,88586$
	1,	9	$\pm 0.90963\,19954$	$0.06084\,77665$
	2,	8	$\pm 0.75574\,95744$	$0.09244\,16240$
	3,	7	$\pm 0.54064\,08175$	$0.12099\,48087$
	4,	6	$\pm 0.28173\,25568$	$0.13624\,72978$
	5		0	$0.14353\,92886$

(分点 ζ_k の $\pm$ は, k が左側の値のときは $+$ を, 右側の値のときは $-$ を採用する)

【例題 6.4】 積分 $I = \displaystyle\int_{-1}^{1} (1-x)e^{-x}dx$ を, ポイント 6.4 の積分公式 $(n = 10)$ で求めよ.

【解】 表 6.2 を用いて, 次のような表を作る.

分点	関数値	重み	積
0.9898214	0.0037828	0.0176989	0.0000670
0.9096320	0.0363887	0.0608478	0.0022142
0.7557496	0.1147143	0.0924416	0.0106044
0.5406408	0.2675193	0.1209948	0.0323684
0.2817326	0.5419151	0.1362473	0.0738345
0.0000000	1.0000000	0.1435393	0.1435393
-0.2817326	1.6988393	0.1362473	0.2314623
-0.5406408	2.6454449	0.1209948	0.3200851
-0.7557496	3.7383542	0.0924416	0.3455795
-0.9096320	4.7423963	0.0608478	0.2885642
-0.9898214	5.3541200	0.0176989	0.0947618
		合計	1.5430807

106 ■ 第 6 章　数値積分

よって，$I \risingdotseq 1.5430807 \times 2 = 3.0861614$, (真値 $e + e^{-1} = 3.0861612 \cdots$).

【例題 6.5】 積分 $I = \displaystyle\int_{-2}^{1} (1-x)e^{-x}dx$ をポイント 6.4 の積分公式 $(n=10)$ で求めよ．

【解】 積分区間が $[-2,\,1]$ だから，変数変換 $x = \tau(t) = 1.5t - 0.5$ を行って積分区間を $[-1,\,1]$ に直す．ポイント 6.4 の公式より，積分の部分に公式を適用し，表 6.2 を用いて次のような表を作る．

零点 ζ_k	分点 x_k	関数値	重み	積
0.9898214	0.9847321	0.00570316	0.0176989	0.00010094
0.9096320	0.8644480	0.05710589	0.0608478	0.00347477
0.7557496	0.6336244	0.19442270	0.0924416	0.01797275
0.5406408	0.3109612	0.50488788	0.1209948	0.06108881
0.2817326	−0.0774011	1.16410535	0.1362473	0.15860621
0.0000000	−0.5	2.47308191	0.1435393	0.35498445
−0.2817326	−0.9225989	4.83691328	0.1362473	0.65901637
−0.5406408	−1.3109612	8.57306012	0.1209948	1.03729570
−0.7557496	−1.6336244	13.49049544	0.0924416	1.24708298
−0.9096320	−1.8644480	18.48248749	0.0608478	1.12461870
−0.9898214	−1.9847321	21.72018677	0.0176989	0.38442341
			合計	5.04866509

よって，ポイント 6.4 の (2) により，$3 \times 5.04866509 = 15.14599527$, (真値 $2e^2 + e^{-1} = 15.1459916 \cdots$).

プログラム 6.2

```
1  /******************************************************/
2  /*      堀 之 内 の 数 値 積 分 公 式 に よ る 計 算     cheby.c      */
3  /******************************************************/
4  #include <stdio.h>
5  #include <math.h>
6  #define   FNF(x)   (1.0 - x) * exp(-x)
7  #define   PI       3.141592653589793
8  #define   N        50
9  int main(void)
10 {   int      i, j, k, n, m;
11     double   cs[N], e[N], h[N], a, b, s, x, t, s1;
12     char     z, zz;
```

```
13      while( 1 ) {
14          printf("堀之内の公式による積分計算\n\n");
15          printf(" f(x) = (1.0 - x) * exp(-x)\n\n");
16          printf("チェビシェフ補間の次数  n = ");
17          scanf("%d%c",&n,&zz);
18          printf("積分区間 [a , b] の a = ");
19          scanf("%lf%c",&a,&zz);
20          printf("積分区間 [a , b] の b = ");
21          scanf("%lf%c",&b,&zz);
22          printf("\n正しく入力しましたか？(y/n) ");
23          scanf("%c%c",&z,&zz);
24          if(z == 'y')   break;
25      }
26      m = n + 1;
27      /*** 零点の計算 ***/
28      for(i=0; i<=n; i++) {
29          t = (2 * i + 1) * PI / (2 * m);
30          e[i] = t;        cs[i] = cos(t);
31      }
32      /*** 重みの計算 ***/
33      for(i=0; i<=n; i++) {
34          s1 = 0.0;        t = e[i];
35          for(j=2; j<=n; j+=2) {
36              s1 += cos(j * t) / (j * j - 1);
37          }
38          h[i] = (1 - 2 * s1) / m;
39      }
40      /*** 積分値の計算 ***/
41      s = 0.0;
42      for(k=0; k<=n; k++) {
43          x = ((b - a) * cs[k] + (b + a)) / 2.0;
44          s += FNF(x) * h[k];
45      }
46      s = (b - a) * s;
47      printf("\n定積分の値 = %10.6lf\n",s);
48      return 0;
49 }
```

6.4　2重指数関数型数値積分公式

6.1 節で示した台形公式は，有限区間の積分に対してはあまりよい近似値を与えないが，無限積分に対しては，一定の条件のもとではきわめてよい近似値を与える．これについて考えてみよう．

無限積分 $I = \int_{-\infty}^{\infty} f(x)dx$ を考える．刻み幅を h として，原点から左右に h ごと

108 ■ 第6章 数値積分

に区切って，分点 $\cdots, -2h, -h, 0, h, 2h, \cdots$ を作る．この分点での関数値 $f(jh)(j = 0, \pm 1, \pm 2, \cdots, \pm n)$ を用いて，次の和を作る．

$$S_1(h, n) = \sum_{j=-n}^{n-1} f(jh)h \quad (長方形型)$$

$$S_2(h, n) = \sum_{j=-n}^{n-1} \frac{1}{2}\{f(jh) + f(jh+h)\}h \quad (台形型)$$

もし，$f(x)$ が条件

(C_1) : A, a, b を正の定数として，$|f(x)| < Ae^{-a|x|}, \quad (|x| > b)$

（原点からある程度離れるときわめて微小になり，その減衰が指数関数的）

を満たすならば，n を十分大きくとることによって，$(-\infty, -nh)$ および (nh, ∞) 上の積分をいくらでも微小にすることができる．したがって，上の $S_1(h, n)$ や $S_2(h, n)$ の値は，n が十分大きいとき積分の近似値を与えるであろう．

実際に，$\dfrac{1}{\sqrt{\pi}} \displaystyle\int_{-\infty}^{\infty} e^{-x^2} dx = 1$ について，上の長方形型で実験してみよう．次のプログラム 6.3 で $h = 0.1$ として，$n = 10, 20, 30, 40, 50$ のときをパソコンで計算すると，次の表のようになる．

n	積分区間	積分値	n	積分区間	積分値
10	$[-1, 1]$	0.842009	40	$[-4, 4]$	1
20	$[-2, 2]$	0.995254	50	$[-5, 5]$	1
30	$[-3, 3]$	0.999977			

プログラム 6.3

```
1  /************************************************/
2  /*              長 方 形 型          tyouhou.c     */
3  /************************************************/
4  #include <stdio.h>
5  #include <math.h>
6  #define  FNF(x)   exp(-x*x)
7  #define  PI        3.141592653589793
8  int main(void)
9  {   int      i;
10      double   sekibun, a, h, n, s;
11      char     zz;
12      printf("\nf(x) = exp(-x*x)   の積分\n\n");
13      printf("積分範囲 [ -a , a ] の a = ");
14      scanf("%lf%c",&a,&zz);
15      h = 0.1;    n = a / h;    s = 0.0;
```

```
16      for(i=-n; i<=n-1; i++) {
17          s += FNF(h*i) * h;
18      }
19      sekibun = s / sqrt(PI);
20      printf("積分値 = %10.6lf\n",sekibun);
21      return 0;
22  }
```

この方法を有限区間の積分に応用することを考えよう. それには適当な変数変換を行って, 積分区間を $[-\infty, \infty]$ に直し, そのときの被積分関数が上の条件 (C_1) を満たすようにできればよい.

積分 $\int_{-1}^{1} f(x)dx$ について考えよう. 変数変換 $x = \phi(t)$ により,

$$\int_{-1}^{1} f(x)dx = \int_{-\infty}^{\infty} f(\phi(t))\phi'(t)dt$$

になったとする. $f(x)$ が $[-1, 1]$ で連続ならば $f(x)$ は有界だから, $\phi'(t)$ が (C_1) を満たせば $f(\phi(t))\phi'(t)$ も (C_1) を満たす. したがって, 変数変換 $x = \phi(t)$ で次の条件を満たすものを求めればよい.

(C_2) : $\phi(-\infty) = -1$, $\phi(\infty) = 1$, かつ, $\phi'(t)$ は条件 (C_1) を満たす

いま, $\phi(t) = (2/\pi)\tan^{-1} t$ を考えると, これは (C_2) の第1の条件を満たす. しかし, $\phi'(t) = 2/\{\pi(1 + t^2)\}$ だから, $t \to \pm\infty$ のとき, $\phi'(t) \to 0$ であるが, $\phi'(t)$ は (C_1) は満たさない. そこで, 変数 t のところを $e^t - e^{-t}$ で置き換えて,

$$\phi(t) = \frac{2}{\pi}\tan^{-1}(e^t - e^{-t})$$

を考えると, t が十分大きいとき,

$$|\phi'(t)| = \left|\frac{2}{\pi} \cdot \frac{(e^t + e^{-t})}{1 + (e^t - e^{-t})^2}\right| < \frac{8}{\pi}e^{-|t|}$$

となり, $\phi'(t)$ は (C_1) は満たす. したがって, $\phi(t)$ は (C_2) を満たす. (この変換は (1重) 指数関数 (Single Exponential) 的である. この変換による積分を SE 法とよぼう.)

この変換式を用いて実際に積分を計算してみよう. プログラム 6.4 のように長方形型で簡単なプログラムを作って, 計算すると本節末の表に示す結果が得られる.

プログラム 6.4

```
1  /********************************************/
2  /*      1重指数関数型変換による積分    sisukan1.c  */
3  /********************************************/
4  #include <stdio.h>
```

110 ■ 第 6 章 数値積分

```c
#include <math.h>
#define   PI                3.141592653589793
#define   FNF(x)            pow(x, 50.0)
#define   FNFTAU(a,b,x)     (b-a)/2.0*x+(b+a)/2.0
#define   FNG(x)            2.0/PI*atan(exp(x)-exp(-x))
int main(void)
{    int      i, n;                 /* n   :総和範囲 */
     double   h, t, u, a, b;        /* a,b :積分区間 */
     double   g1, x, s, ss;         /* ss  :積分値  */
     char     z, zz;
     while( 1 ){
         printf("1重指数関数型変換による積分");
         printf("\n\n   f(x) = x^50\n\n");
         printf("積分区間 [a , b] の  a = ");
         scanf("%lf%c",&a,&zz);
         printf("積分区間 [a , b] の  b = ");
         scanf("%lf%c",&b,&zz);
         printf("総和の範囲( -n ～ n-1) n = ");
         scanf("%d%c",&n,&zz);
         printf("\n正しく入力しましたか？(y/n) ");
         scanf("%c%c",&z,&zz);
      if(z == 'y')     break;
     }
     h = 0.1;     s = 0.0;
     printf("\n   計算中です．\n\n");
     for(i = -n; i<=n-1; i++) {
         t = h * i;
         u = FNG(t);
         g1 = 2.0/PI*(exp(t)+exp(-t)) /
                   (1+pow(exp(t)-exp(-t),2.0));
         x = FNFTAU(a,b,u);
         s += FNF(x) * g1 * h;
     }
     ss = s * (b - a) / 2.0;
     printf("積分値 = %10.6lf\n",ss);
     return 0;
}
```

さて，上で行った変数変換 $x = (2/\pi)\tan^{-1}(e^t - e^{-t})$ は (C_2) を満たす一つの変換であるが，次の変換

$$x = \phi(t) = \tanh\left(\frac{\pi}{2}\sinh t\right) \tag{6.9}$$

を行うと減衰が 2 重指数関数的になり，非常によい結果が得られる (文献 [12] 参照)．実際，この変換のとき，

$$\phi'(t) = \frac{\pi \cosh t}{2 \cosh^2\left(\dfrac{\pi}{2}\sinh t\right)} = \frac{\pi \cosh t}{1 + \cosh(\pi \sinh t)}$$

となる．したがって，$\phi'(t)$ は偶関数である．$t > 0$ のときについて考えると，t_1 を十分大きくとれば，$t > t_1$ のとき，$\sinh t > e^t/3$ となるから，次の不等式が成り立つ．

$$1 + \cosh(\pi \sinh t) > \cosh\left(\frac{\pi}{3}e^t\right) > \frac{1}{2}e^{\frac{\pi}{3}e^t}$$

また，$\cosh t < e^t < e^{e^t}$ が成り立つから，$p = 1 - \pi/3$ とおけば，

$$0 < \phi'(t) < \frac{\pi e^{e^t}}{\dfrac{1}{2}e^{\frac{\pi}{3}e^t}} < 2\pi e^{pe^t}$$

となる．$p < 0$ だから，$t > t_1$ において $\phi'(t)$ は 2 重指数関数的に減衰する．区間 $[-1,\ 1]$ における $f(x)$ の最大値を M とすれば，

$$|f(\phi(t))\phi'(t)| < M \cdot 2\pi e^{pe^t} \quad (t > |t_1|)$$

となり，この変数変換によって被積分関数は 2 重指数関数的となる．

この変換式 (6.9) によって積分を求める台形型算式を，2 重指数関数型数値積分公式 (DE 公式：Double Exponential formula) という．

■ ポイント 6.5　2 重指数関数型数値積分公式

$\displaystyle\int_{-1}^{1} f(x)dx$ において，変数変換 $x = \phi(t) = \tanh\left(\dfrac{\pi}{2}\sinh t\right)$ を行い，$g(t) = f(\phi(t))\phi'(t)$ とおく．n と刻み幅 h を指定すれば，

$$\int_{-1}^{1} f(x)dx \fallingdotseq \sum_{j=-n}^{n-1} \frac{1}{2}\{g(jh) + g(jh + h)\}h$$

が成り立つ．なお，$\phi'(t)$ は次のとおりである．

$$\phi'(t) = \frac{\pi \cosh t}{1 + \cosh(\pi \sinh t)}$$

次にこの公式による積分計算のプログラム 6.5 をあげておこう．

プログラム 6.5

```
1  /********************************************************/
2  /*     2重指数関数型積分公式による積分      sisukan2.c   */
3  /********************************************************/
4  #include <stdio.h>
5  #include <math.h>
6  #define  PI              3.141592653589793
```

```
 7  #define   FNF(x)          pow(x , 50.0)
 8  #define   FNTAU(a,b,x) (b-a)*x/2.0+(b+a)/2.0
 9  #define   FSINH(x)        (exp(x)-exp(-x))/2.0
10  #define   FCOSH(x)        (exp(x)+exp(-x))/2.0
11  #define   FTANH(x)        (exp(x)-exp(-x))/(exp(x)+exp(-x))
12  int main(void )
13  {   int      i, n;
14      double   a, b, h;
15      double   t1, t2, u, v, p, q, u1, v1, c, d, s, ss;
16      char     z, zz;
17      /*** n:総和範囲  a,b:積分区間   ss:積分値  ***/
18      while( 1 ) {
19          printf("2重指数関数型積分公式による積分\n\n");
20          printf("    f(x) = x ^ 50\n\n");
21          printf("積分区間 [ a , b ] の a = ");
22          scanf("%lf%c",&a,&zz);
23          printf("積分区間 [ a , b ] の b = ");
24          scanf("%lf%c",&b,&zz);
25          printf("刻み幅 ( 0.1程度 )    h = ");
26          scanf("%lf%c",&h,&zz);
27          printf("総和範囲 ( 50以下 )   n = ");
28          scanf("%d%c",&n,&zz);
29          printf("\n正しく入力しましたか？(y/n) ");
30          scanf("%c%c",&z,&zz);
31          if(z == 'y')      break;
32      }
33      printf("\n   計算中です．\n\n");
34      s = 0.0;
35      for( i=-n; i<=n-1; i++ ) {
36          t1 = i * h;            t2 = t1 + h;
37          u  = FTANH(PI / 2.0 * FSINH(t1));
38          v  = FTANH(PI / 2.0 * FSINH(t2));
39          p  = PI*FCOSH(t1)/(1+FCOSH(PI*FSINH(t1)));
40          q  = PI*FCOSH(t2)/(1+FCOSH(PI*FSINH(t2)));
41          u1 = FNTAU(a,b,u);    v1 = FNTAU(a,b,v);
42          c  = FNF(u1) * p;      d  = FNF(v1) * q;
43          s  += (c + d);
44      }
45      ss = s * h / 2.0 * (b - a) / 2.0;
46      printf("積分値 = %10.6lf\n",ss);
47      return 0;
48  }
```

　次の表はいくつかの関数の積分を刻み幅 $h = 0.1$ として，SE 法と DE 法によって計算した結果である．

式	SE 法	n	DE 法	n
$\displaystyle\int_{-1}^{1} x^{50}dx$	0.0391579	100	0.0391659	20
	0.0392153	150	0.0392157	30
		真値	$0.03921568\cdots$	
$\displaystyle\int_{-1}^{1} \frac{1}{1+x^2}dx$	1.57077	100	1.52077	20
	1.5708	150	1.5708	30
		真値	$1.57079632\cdots$	
$\displaystyle\int_{-1}^{1} (1-x)e^{-x}dx$	3.08601	100	3.08603	20
	3.08616	150	3.08616	30
		真値	$3.08616126\cdots$	
$\displaystyle\frac{1}{\sqrt{\pi}}\int_{-1}^{1} e^{-x^2}dx$	0.842689	100	0.842691	20
	0.842701	150	0.842701	30
		真値	$0.84270079\cdots$	

6.5　2重積分

前節までに単一積分に関するいくつかの数値積分公式について述べてきたが，この節では，次のような2重積分の近似値を求める方法について考えよう．

$$I = \iint_D f(x,\ y)dxdy,$$

$$D : a \leqq x \leqq b,\ p(x) \leqq y \leqq q(x)$$

これは次のようにして求めることができる．I を累次積分に書き直すと，

$$I = \int_a^b \left\{ \int_{p(x)}^{q(x)} f(x,\ y)dy \right\} dx$$

となる．いま，

$$F(x) = \int_{p(x)}^{q(x)} f(x,\ y)dy$$

とおけば，

$$I = \int_a^b F(x)dx$$

となるから，1変数関数の積分とみなすことができる (図 6.3)．

ここでは，チェビシェフ補間による堀之内の数値積分公式 (ポイント 6.4) を適用してみよう．$T_{n+1}(x)$ の零点 $\zeta_0, \zeta_1, \cdots, \zeta_n$ を用いれば，

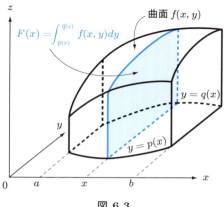

図 6.3

$$I = \int_a^b F(x)dx = (b-a)\sum_{j=0}^n H_n(j)F(x_j),$$

$$x_j = \tau(\zeta_j), \qquad \tau(t) = \frac{b-a}{2}t + \frac{b+a}{2}$$

と書ける ($H_n(j)$ は式 (6.8) 参照). したがって, $F(x_j)$ が求められれば 2 重積分 I は確定する.

$$F(x_j) = \int_{p(x_j)}^{q(x_j)} f(x_j, y)dy$$

であり, x_j は固定されているから, 上式の右辺は y の関数 $f(x_j, y)$ の積分となる. これにふたたび同じ積分公式を適用すれば, $y_k = \tau(\zeta_k)$ として,

$$F(x_j) = (q(x_j) - p(x_j))\sum_{k=0}^n H_n(k)f(x_j, y_k)$$

となり, $F(x_j)$ の値は求められる. これで 2 重積分 I の値は確定する.

【例題 6.6】 $\iint_D (x+y^2)dxdy$, $D : 0 \leqq x \leqq 2,\ 1 \leqq y \leqq 1+0.5x$ を求めよ.

【解】 $n = 5$ の場合で行ってみよう.

$$I = \iint_D (x+y^2)dxdy = \int_0^2 \left\{\int_1^{1+0.5x}(x+y^2)dy\right\}dx$$

いま, $F(x) = \int_1^{1+0.5x}(x+y^2)dy$ とおけば, $I = \int_0^2 F(x)dx$ となる.

$\tau(t) = t+1,\ x_j = \tau(\zeta_j) = \zeta_j + 1$ とおくと, ポイント 6.4 の公式より,

$$I = 2\sum_{j=0}^{5} H_5(j)F(x_j)$$

ここで，$F(x_j)$ は，

$$F(x_j) = \int_1^{1+0.5x_j} (x_j + y^2)dy$$

であるが，$\tau(t) = 0.25x_j t + 1 + 0.25x_j = 1 + 0.25x_j(1+t)$，$y_{jk} = \tau(\zeta_k)$ とおき，ふたたび公式を用いると，

$$F(x_j) = 0.5x_j \sum_{k=0}^{5} H_5(k)(x_j + y_{jk}{}^2)$$

となり，これから求められる．ここから先は表 6.3 のように計算しよう．

表 **6.3** $x_j = \zeta_j + 1$，$y_{jk} = 1 + 0.25x_j(1+\zeta_k)$，$F(x_j) = 0.5x_j \sum_{k=0}^{5} H(k)(x_j + y_{jk}{}^2)$

	0	1	2	3	4	5		
零点 ζ_j	0.9659258	0.7071068	0.2588190	−0.2588190	−0.7071068	−0.9659258		
重み $H_5(j)$	0.0593305	0.1888889	0.2517806	0.2517806	0.1888889	0.0593305		
分点 x	1.9659258	1.7071068	1.2588190	0.7411810	0.2928932	0.0340742		
y_{jk}	y_{j0}	y_{j1}	y_{j2}	y_{j3}	y_{j4}	y_{j5}	$\sum H(k)$ $(x_j + y_{jk}{}^2)$	$H(j)F(x_j)$
$x_0 : 1.9659258$	1.9662161	1.8390113	1.6186862	1.3642767	1.1439516	1.0167468		
$H(0)(x_0 + y_{0k}{}^2)$	0.3460114	1.0101562	1.1546837	0.9636088	0.6185263	0.1779737	4.2709607	0.2490811
$x_1 : 1.7071068$	1.8390113	1.7285534	1.5372346	1.3163188	1.1250000	1.0145421		
$H(1)(x_1 y_{1k}{}^2)$	0.3019370	0.8868340	1.0247966	0.8660754	0.5615160	0.1623521	3.8035111	0.6132278
$x_2 : 1.2588190$	1.6186862	1.5372346	1.3961563	1.2332532	1.0921749	1.0107233		
$H(2)(x_2 + y_{2k}{}^2)$	0.2301409	0.6841384	0.8077301	0.6998827	0.4630923	0.1352961	3.0202805	0.4786332
$x_3 : 0.7411810$	1.3642767	1.3163188	1.2332532	1.1373373	1.0542717	1.0063138		
$H(3)(x_3 + y_{3k}{}^2)$	0.1544036	0.4672878	0.5695515	0.5123023	0.3499488	0.1040567	2.1575507	0.2013157
$x_4 : 0.2928932$	1.1439516	1.1250000	1.0921749	1.0542717	1.0214466	1.0024950		
$H(4)(x_4 + y_{4k}{}^2)$	0.0950189	0.2943869	0.3740803	0.3535961	0.2524021	0.0770044	1.4464887	0.0400130
$x_5 : 0.0340742$	1.0167468	1.0145421	1.1017233	1.0063138	1.0024950	1.0002903		
$H(5)(x_5 + y_{5k}{}^2)$	0.0633560	0.2008588	0.2657886	0.2635492	0.1962689	0.0613866	1.0512081	0.0010626
							合計	1.5833334

表の計算結果より，求める 2 重積分は，

$$\iint_D (x + y^2)dxdy \fallingdotseq 2 \times 1.5833334 = 3.1666668$$

となる．なお，真値は $19/6 = 3.166666\cdots$ である．

実際には，次のプログラム 6.6 によって行えば容易に結果が得られる．

116 ■ 第6章 数値積分

プログラム 6.6

```c
/*********************************************/
/*      堀之内の数値積分公式による2重積分    cheby2j.c */
/*********************************************/
#include <stdio.h>
#include <math.h>
#define  PI        3.141592653589793
#define  FNF(x,y)  (x + y * y)
#define  FNP1(x)   1.0
#define  FNP2(x)   1.0 + 0.5 * x
#define  N         20
int main(void)
{   int      m, n, i, j, k;
    double   s1, sx, sy, s, t, x, y, fp1, fp2, yi;
    double   a, b, cs[N], e[N], h[N];
    printf("堀之内の公式による2重積分の計算\n");
    printf("\n  f(x , y) = ( x + y * y )\n\n");
    printf("チェビシェフ補間の次数(1<n<20) n = ");
    scanf("%d",&n);
    m = n + 1;
    a = 0.0;      b = 2.0;
    /*** 零点の計算 ***/
    for(i=0; i<=n; i++) {
        t    = (2.0*i+1.0)*PI / (2.0*(n+1.0));
        e[i] = t;      cs[i] = cos(t);
    }
    /*** 重みの計算 ***/
    for(i=0; i<=n; i++) {
        s1 = 0.0;      t = e[i];
        for(j=2; j<=n; j+=2) {
            s1 += (cos(j * t)) / (j * j - 1.0);
        }
        h[i] = (1.0 - 2.0 * s1) / m;
    }
    sx = 0.0;
    for(i=0; i<=n; i++) {
        /***  τ(t)による変換   ***/
        x   = ((b - a) * cs[i] + (b + a)) / 2.0;
        fp1 = FNP1(x);    fp2 = FNP2(x);  sy = 0;
        for(k=0; k<=n; k++) {
            /*** ∫F(x,y)dy  の計算   ***/
            y  = ((fp2-fp1)*cs[k]+(fp2+fp1))/2.0 ;
            sy +=  FNF(x,y) * h[k];
        }
        yi = (fp2 - fp1) * sy;
        sx += yi * h[i];
    }
    s = (b - a) * sx;
    printf("\n定積分の値  = %10.6lf\n",s);
```

```
49      return 0;
50  }
```

次の【例題 6.7】，【例題 6.8】は，上に示したプログラム 6.6 で実際に計算した結果である．

【例題 6.7】 $\displaystyle\iint_D \cos 8(x+y)dxdy,\ D:-1\leqq x\leqq 1,\ -1\leqq y\leqq 1$ を求めよ．

実行結果 0.06117685, $\left(\text{真値}\ \dfrac{1-\cos 16}{32}=0.0611768587\cdots\right)$

【例題 6.8】 $\displaystyle\iint_D \dfrac{x}{\sqrt{x^2-y^2}}dxdy,\ D:1\leqq x\leqq 2,\ 0\leqq y\leqq 0.5x$ を求めよ．

実行結果 0.78539816, $\left(\text{真値}\ \dfrac{\pi}{4}=0.78539816\cdots\right)$

次の表は，本章で述べた五つの数値積分公式を用いて，次の演習問題 6 の 6.1 の積分をパソコンで計算した結果である．

問題番号	台形 $n=20$	シンプソン $n=20$	ガウス $n=10$	堀之内 $n=10$	DE $h=0.1$ $n=20$	真値
(1)	104.316	102.418	102.4	102.4	102.387	102.4
(2)	1.99589	2.00001	2	2	2	2
(3)	0.785294	0.785398	0.785398	0.785398	0.785380	$\pi/4$ (0.785398)
(4)	不可	不可	-0.994264	-1.00044	-0.999848	-1
(5)	1.43738×10^{12}	1.15918×10^{12}	1.09937×10^{12}	1.104376×10^{12}	1.09897×10^{12}	2^{40} (1.099511×10^{12})
(6)	0.922687	0.929388	0.941413	0.941147	0.941158	$16/17$ (0.941176)
(7) n	-0.00098	-0.21308	-0.15207	0.011552	0.027203	$2/41\pi$ (0.015527)
$2n$	0.012019	0.016352	0.012495	0.016428	0.027215	
(8)	0.782116	0.784112	0.785525	0.785341	0.785386	$\pi/4$ (0.785398)

▶▶▶ 演習問題 6

6.1 次の積分を，本章で述べた数値積分公式によって計算せよ．

(1) $\displaystyle\int_0^2 x^9 dx$ (2) $\displaystyle\int_0^\pi \sin x dx$ (3) $\displaystyle\int_0^1 \frac{1}{1+x^2} dx$ (4) $\displaystyle\int_0^1 \log x dx$

(5) $\displaystyle 40\int_0^2 x^{39} dx$ (6) $\displaystyle\int_0^1 x^{1/16} dx$ (7) $\displaystyle\int_0^1 \sin\left(\frac{41}{2}\pi x\right) dx$

(8) $\displaystyle\int_0^1 \sqrt{1-x^2} dx$

6.2 曲線 $y = (4-x^2)e^x$ と x 軸とで囲まれた部分の面積を求めよ．

6.3 シンプソンの公式によって積分を求めるプログラムを作れ．

6.4 曲線 $y = x^3 - 3x^2$ の極大点と極小点の間の曲線の長さを求めよ．

6.5 ガウス・ルジャンドルの積分公式によって積分を求めるプログラムを作れ．

6.6 懸垂線 $y = \dfrac{e^x + e^{-x}}{2}$ の $x = -1$ から $x = 1$ までの長さを求めよ．

6.7 プログラム 6.6 を用いて，次の 2 重積分を求めよ．

(1) $\displaystyle\iint_D \frac{y^2}{x} dxdy = \frac{7}{2}$, $D : 1 \leqq x \leqq 2$, $0 \leqq y \leqq x^2$

(2) $\displaystyle\iint_D xydxdy = \frac{8}{3}$, $D : 0 \leqq x \leqq 4$, $0 \leqq y \leqq \frac{1}{2}\sqrt{x}$

(3) $\displaystyle\iint_D \sqrt{4-x^2-y^2} dxdy = \frac{4}{9}(3\pi - 4)$, $D : (x-1)^2 + y^2 \leqq 1$, $y \geqq 0$

6.8 曲面 $z = 1 - x^2 - y^2$ について，次の値を求めよ．

(1) この曲面と平面 $z = 0$ で囲まれた部分の体積を求めよ．

(2) この曲面のうち $z \geqq 0$ の部分の曲面積を求めよ．

6.9 2 重積分のプログラム 6.6 を参照して，3 重積分を求めるプログラムを作り，次の積分を求めてみよ．

$$\iiint_D xyz\, dxdydz = \frac{1}{48},\ D : x^2 + y^2 + z^2 \leqq 1, x \geqq 0, y \geqq 0, z \geqq 0$$

6.10 図形 $F : a \leqq x \leqq b$, $\phi(x) \leqq y \leqq \psi(x)$ の重心の座標 $G(X, Y)$ は，次の積分で表される．S は図形 F の面積とする．

$$X = \frac{1}{S}\int_a^b x\{\psi(x) - \phi(x)\}dx, \quad Y = \frac{1}{2S}\int_a^b \{\psi(x)^2 - \phi(x)^2\}dx$$

これを用いて，図 6.4 の各図形の重心の座標を求めよ．

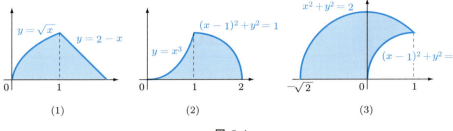

図 6.4

第7章 微分方程式

関数 $f(x, y)$ が与えられたとき，微分方程式

$$\frac{dy}{dx} = f(x, y), \quad 初期条件 \; y(x_0) = y_0$$

を満たす未知関数 $y(x)$ を求める問題を，1階常微分方程式の初期値問題とよんでいる．これは $f(x, y)$ の与えられ方によっては解析的に解くこともできるが，ここでは解 $y(x)$ を解析的な式で表すというのではなく，等間隔に並んでいる点 $x_0, x_1, x_2, \cdots, x_n$ に対応する $y(x_0), y(x_1), y(x_2), \cdots, y(x_n)$ の値を近似的に計算する，いわゆる数値解法について述べる．

7.1 ルンゲ・クッタ法

1階常微分方程式

$$\frac{dy}{dx} = f(x, y), \quad 初期条件 \quad y(x_0) = y_0 \tag{7.1}$$

を考える．

$x_1 = x_0 + h$ での近似値 y_1 を求める．$y(x_0 + h)$ をテイラー展開すると，

$$y(x_0 + h) = y(x_0) + y'(x_0)h + \frac{1}{2!}y''(x_0)h^2 + \cdots \tag{7.2}$$

となるが，式 (7.1) より，$y'(x_0) = f(x_0, y_0)$ で $f(x_0, y_0)$ は既知だから，$y(x_1)$ の近似値を y_1 として式 (7.2) の右辺の第2項までをとって，

$$y_1 = y_0 + f(x_0, y_0)h$$

とおく．

次に，x_1 からさらに h だけ進んだ点 x_2 での値 $y(x_2) = y(x_1 + h)$ の近似値 y_2 は，いま求めた x_1 での近似値 y_1 を使って，上の算式より，

$$y_2 = y_1 + f(x_1, y_1)h$$

として求める．

この操作を繰り返していけば，x の分点 $x_n = x_0 + nh$ における $y(x_n)$ の近似値 y_n が計算できる．これをオイラー (Euler) 法という．

ポイント 7.1 オイラー法

$$\frac{dy}{dx} = f(x, y), \quad 初期条件\ y(x_0) = y_0$$

において，刻み幅 h を適当に定め，$x_n = x_0 + nh$ とおく．$y(x_n)$ の近似値 y_n は次の式で与えられる．

$$y_n = y_{n-1} + f(x_{n-1}, y_{n-1})h, \quad (n = 1, 2, \cdots)$$

この方法の図形的な意味は図 7.1 から読みとれる．

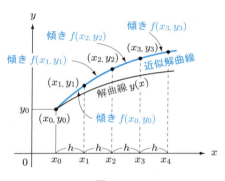

図 7.1

この近似式はその作り方からわかるように，式 (7.2) の右辺と h の 1 次の項までしか一致していない．したがって，回を重ねるごとに誤差の累積が大きくなっていくことが考えられる．

以下，簡単のために，h を正の定数として，$x_n = x_0 + nh$ とおき，$y(x_n)$ の近似値を y_n で表す．

【例題 7.1】 $y' = y - 12x + 3, y(0) = 1$ について，刻み幅 $h = 0.1$ として，

$$y_1, y_2, y_3, y_4, y_5, y_6, y_7, y_8, y_9, y_{10}$$

を求め，$0 \leqq x \leqq 1$ での解曲線の概形を図示せよ．

【解】 次のような表を作って計算しよう．

122 ■ 第7章　微分方程式

x_j	y_j	$f(x,\ y)$	$hf(x,\ y)$	x_j	y_j	$f(x,\ y)$	$hf(x,\ y)$
0.0	1.0000	4.0000	0.4000	0.5	2.1159	-0.8841	-0.0884
0.1	1.4000	3.2000	0.3200	0.6	2.0275	-2.1725	-0.2173
0.2	1.7200	2.3200	0.2320	0.7	1.8102	-3.5898	-0.3590
0.3	1.9520	1.3520	0.1352	0.8	1.4512	-5.1488	-0.5149
0.4	2.0872	0.2872	0.0287	0.9	0.9363	-6.8637	-0.6864
				1.0	0.2499	-8.7501	-0.8750

上の近似計算にもとづく解曲線は，後掲の図 7.2 にほかの方法と比較して示す．

なお，この方程式は 1 階線形だから，求積法によって解を求めることができる．解は $y = 12x - 8e^x + 9$ である．これによって，$x = 0.1,\ 0.5,\ 1$ のときの値を計算すると，
$$y(0.1) = 1.3586, \quad y(0.5) = 1.8102, \quad y(1.0) = -0.7463$$
となり，このオイラー法はあまり精度がよくないことがわかる．

オイラー法は，近似式が式 (7.2) の右辺と h の 1 次の項までしか一致しないが，これを 2 次，3 次，4 次というように，できるだけ高次の項まで一致するようにしてみよう．

これについて考える前に，以下で用いる記号 $O(h^n)$ を導入しておく．それは，n を自然数とするとき，変数 h，k に対して，$h \to 0$ のとき，$k/h^n \to c$(定数) となるならば，
$$k = O(h^n)$$
なる記号で表す (注：$c = 0$ の場合も含めることにする)．これをランダウの記号とよぶ．

この記号について，次が成り立つ．
$$O(h^n) + O(h^n) = O(h^n), \quad hO(h^n) = O(h^{n+1})$$
$$0 < n < m \text{ のとき,} \quad O(h^n) + O(h^m) = O(h^n) \tag{7.3}$$
この記号を用いると，次の評価が成り立つ．

$y(x)$ が C^{n+1} 級のとき，$y(x)$ のテイラー展開について，
$$y(x_0 + h) = y(x_0) + y'(x_0)h + \frac{1}{2!}y''(x_0)h^2 + \cdots + \frac{1}{n!}y^{(n)}(x_0)h^n + O(h^{n+1})$$
となる．また，$f(x,\ y)$ が y について偏微分可能なとき，
$$f(a,\ b+h) = f(a,\ b) + O(h) \tag{7.4}$$
となる．

表現を簡単にするために，$y(x_0+h)$ のテイラー展開と h^n の項まで一致する $y(x_0+h)$ の近似式を，h^n の精度をもつ近似式ということにする．また，$y(x_0) = y_0, y'(x_0) = y'_0$，$y''(x_0) = y''_0$，$\cdots$ と略記する．

以上の準備のもとに，h^2 の精度をもつ近似式を求めることにしよう．

テイラー展開より，

$$y(x_0 + h) = y_0 + y_0'h + \frac{1}{2!}y_0''h^2 + O(h^3) \tag{7.5}$$

となる．式 (7.5) において，$y_0' = f(x_0,\, y_0)$ だから，y_0' は既知量である．一方，y_0'' は $f(x,\, y)$ からは直接的には求められない．したがって，式 (7.5) の右辺と h^2 の項まで一致する近似値を，$f(x,\, y)$ だけを既知として算出する方法を考えることにしよう．

平均値の定理より，

$$\Delta y = y(x_0 + h) - y(x_0) = hy'(x_0 + \theta h), \quad (0 < \theta < 1)$$

と書けるから，$y'(x_0 + \theta h)$ の近似値として，$\theta = 0$，$\theta = 1$ の場合を考えると，

$$\theta = 0 \text{ のとき，} \Delta y \fallingdotseq hy'(x_0)$$

$$\theta = 1 \text{ のとき，} \Delta y \fallingdotseq hy'(x_0 + h)$$

となる．これらの値は単独では Δy に対して h^2 の精度をもつ近似値にならないが，これらの一次結合 $\alpha hy'(x_0) + \beta hy'(x_0 + h)$ を α，β をうまく定めることによって，Δy の h^2 の精度をもつ近似値にすることができる．実際，

$$\alpha hy'(x_0) + \beta hy'(x_0 + h) = \alpha hy'(x_0) + \beta h\{y'(x_0) + y''(x_0)h + O(h^2)\}$$
$$= (\alpha + \beta)hy_0' + \beta h^2 y_0'' + O(h^3)$$

となる．したがって，テイラー展開式 (7.5) と係数を比較して，

$$\alpha + \beta = 1, \quad \beta = \frac{1}{2}, \qquad \therefore \quad \alpha = \frac{1}{2}, \quad \beta = \frac{1}{2}$$

このとき，

$$\Delta y = \frac{1}{2}hy'(x_0) + \frac{1}{2}hy'(x_0 + h) + O(h^3)$$

となる．

いま，

$$k_1 = hy'(x_0) = hf(x_0,\, y_0) \tag{7.6}$$

とおこう．式 (7.5) と式 (7.4) より，

$$hy'(x_0 + h) = hf(x_0 + h,\, y(x_0 + h))$$
$$= hf(x_0 + h,\, y(x_0) + y'(x_0)h + O(h^2))$$
$$= hf(x_0 + h,\, y_0 + k_1 + O(h^2))$$
$$= hf(x_0 + h,\, y_0 + k_1) + O(h^3)$$

となる．したがって，

$$k_2 = hf(x_0 + h,\, y_0 + k_1) \tag{7.7}$$

とおけば，

124 ■ 第 7 章　微分方程式

$$\Delta y = \frac{1}{2}k_1 + \frac{1}{2}k_2 + O(h^3)$$

となる．これより，

$$k = \frac{1}{2}(k_1 + k_2), \quad y_1 = y_0 + k \tag{7.8}$$

とおくと，$y(x_0 + h) = y_1 + O(h^3)$ となり，y_1 は h^2 の精度の近似値となる．

次に y_2 を求めるには，x_1 のときの y の (近似) 値 y_1 を用いて，式 (7.6)，(7.7)，(7.8) と同様に計算する．すなわち，

$$k_1 = hf(x_1, \, y_1), \quad k_2 = hf(x_1 + h, \, y_1 + k_1), \quad k = \frac{1}{2}(k_1 + k_2)$$

とおき，$y_2 = y_1 + k$ と定める．

以下，同様にしていくと，y_3，y_4，…が求められる．

これを**ルンゲ・クッタ (Runge-Kutta) 2 次公式**という．

■ ポイント 7.2　ルンゲ・クッタ 2 次公式

微分方程式

$$\frac{dy}{dx} = f(x, \, y), \quad 初期条件 \quad y(x_0) = y_0$$

の数値解は，刻み幅を h として，$x_n = x_0 + nh$ における値 y_n が決まったとき，y_{n+1} を帰納的に次式で定める．

$$y_{n+1} = y_n + k, \quad (n = 0, 1, 2, \cdots)$$

ここに，k は次の通りである．

$$k_1 = hf(x_n, \, y_n),$$
$$k_2 = hf(x_n + h, \, y_n + k_1),$$
$$k = \frac{1}{2}(k_1 + k_2)$$

この 2 次公式を用いて，【例題 7.1】を解けば，次の表のようになる．一番左の表中，太字は各欄の求める値を示す．

x_j	y_j	k_j	k
0.0	**1.0**	0.4	
0.1	1.4	0.32	**0.36**
0.1	**1.36**	0.316	
0.2	1.676	0.2276	**0.2718**
0.2	**1.6318**		

x_j	y_j
0.3	1.80614
0.4	1.87279
0.5	1.82043
0.6	1.63657

x_j	y_j
0.7	1.30741
0.8	0.81769
0.9	0.15055
1.0	-0.71265

7.1 ルンゲ・クッタ法 ■ 125

後掲の図 7.2 は，この表の近似値をもとにして描いたものである．

この公式をプログラム 7.1 にあげておこう．

プログラム 7.1

```
1  /**************************************************/
2  /*        ルンゲ・クッタ2次公式      rungekt2.c    */
3  /**************************************************/
4  #include  <stdio.h>
5  double  fnf(double x, double y)
6  {    return (y - 12.0 * x + 3.0);    }
7  int main(void)
8  {    int      i;
9       double   x, y, h, k1, k2, k;
10      char     zz;
11      printf("ルンゲ・クッタ2次公式により \n\n");
12      printf("dy/dx = y - 12.0 * x + 3.0   を解きます");
13      printf("\n\nエンターキーを押してください．\n");
14      scanf("%c",&zz);
15      printf("        X                Y\n");
16      x = 0.0;    y = 1.0;    h = 0.1;
17      printf("%10.6lf        %10.6lf\n",x,y);
18      for(i=1; i<=20; i++) {
19          k1 = h * fnf(x,y);
20          k2 = h * fnf(x+h,y+k1);
21          k  = (k1 + k2) / 2.0;
22          x  = x + h;
23          y  = y + k;
24          printf("%10.6lf        %10.6lf\n",x,y);
25      }
26      return 0;
27  }
```

ルンゲ・クッタ 2 次公式を導いたのと同様な考え方で，h^4 の精度をもつ**ルンゲ・クッタ 4 次公式**を作ることができる (文献 [17])．

■ ポイント 7.3 ルンゲ・クッタ 4 次公式

微分方程式

$$\frac{dy}{dx} = f(x, y), \quad 初期条件 \quad y(x_0) = y_0$$

の数値解は，刻み幅を h として，$x_n = x_0 + nh$ における値 y_n を用いて，帰納的に

$$y_{n+1} = y_n + k, \quad (n = 0, 1, 2, \cdots)$$

で定める．ここに，k は次の通りである．

126 ■ 第7章 微分方程式

$$k_1 = hf(x_n, \ y_n),$$

$$k_2 = hf\left(x_n + \frac{h}{2}, \ y_n + \frac{k_1}{2}\right),$$

$$k_3 = hf\left(x_n + \frac{h}{2}, \ y_n + \frac{k_2}{2}\right),$$

$$k_4 = hf(x_n + h, \ y_n + k_3),$$

$$k = \frac{1}{6}(k_1 + 2k_2 + 2k_3 + k_4)$$

【例題 7.2】 次の微分方程式をルンゲ・クッタ 4 次公式を用いて解け. ただし, 刻み幅を 0.1 とせよ.

$$y' = y - 12x + 3, \quad y(0) = 1$$

【解】 $f(x, \ y) = y - 12x + 3$ である. 次のような表を用いて計算しよう.

x	y	$f(x, \ y)$	k_j		k
0.0	**1.00000**	4.00000	k_1	0.400000	
0.05	1.20000	3.60000	k_2	0.360000	
0.05	1.18000	3.58000	k_3	0.358000	
0.1	1.35800	3.15800	k_4	0.315800	**0.358633**
0.1	**1.35863**	3.15863	k_1	0.315863	
0.15	1.51656	2.71656	k_2	0.271656	
0.15	1.49446	2.69446	k_3	0.269446	
0.2	1.62808	2.22808	k_4	0.222808	**0.270146**
0.2	**1.62878**				

したがって, $y(0.1) \fallingdotseq 1.35863$, $y(0.2) \fallingdotseq 1.62878$ を得る. 以下, 同様に計算していけばよい.

なお, 解は $y = 12x + 9 - 8e^x$ である. これより, $x = 0.1$, $x = 0.2$ における値を求めると, $y(0.1) = 1.358632\cdots$, $y(0.2) = 1.628777\cdots$ となる. ルンゲ・クッタ 4 次公式の精度のよさがよくわかる.

上に紹介した三つの方法で, 【例題 7.1】・【例題 7.2】をパソコンによって計算した結果を, 図 7.2 と表 7.1 に示しておく (いずれも $h = 0.1$).

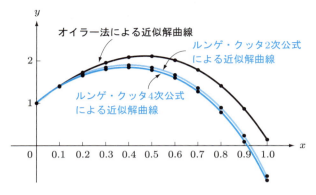

図 7.2

表 7.1

	オイラー法	ルンゲ・クッタ2次	ルンゲ・クッタ4次	真値
0.0	1.00000	1.00000	1.00000	1
0.1	1.40000	1.36000	1.35863	1.358632⋯
0.2	1.72000	1.63180	1.62878	1.628777⋯
0.3	1.95200	1.80614	1.80113	1.801129⋯
0.4	2.08720	1.87278	1.86541	1.865402⋯
0.5	2.11592	1.82043	1.81024	1.810229⋯
0.6	2.02751	1.63657	1.62306	1.623049⋯
0.7	1.81026	1.30741	1.28999	1.289978⋯
0.8	1.45129	0.81769	0.79568	0.795672⋯
0.9	0.93642	0.15055	0.12319	0.123174⋯
1.0	0.25006	−0.71265	−0.74624	−0.746254⋯
2.0	−20.82000	−25.92988	−26.11236	−26.112448⋯
3.0	−94.59522	−114.94046	−115.68393	−115.684295⋯
4.0	−305.07406	−377.09138	−379.78389	−379.785200⋯
5.0	−870.12687	−1109.15912	−1118.30081	−1118.305272⋯

7.2 連立微分方程式と2階微分方程式

連立微分方程式に対してもルンゲ・クッタ法は適用できる．4次公式を用いた場合を次に示す．

128 ■ 第7章 微分方程式

● ポイント7.4　連立微分方程式のルンゲ・クッタ4次公式

次の連立微分方程式

$$
\begin{cases}
\dfrac{dy}{dx} = f(x,\ y,\ z), & \text{初期条件}\quad y(x_0) = y_0 \\[2mm]
\dfrac{dz}{dx} = g(x,\ y,\ z), & \text{初期条件}\quad z(x_0) = z_0
\end{cases}
$$

の数値解は，次の漸化式で与えられる．刻み幅を h，$x_n = x_0 + nh$ として，

$$
k_1 = hf(x_n,\ y_n,\ z_n), \qquad\qquad l_1 = hg(x_n,\ y_n,\ z_n)
$$

$$
k_2 = hf\left(x_n + \frac{h}{2},\ y_n + \frac{k_1}{2},\ z_n + \frac{l_1}{2}\right),\quad l_2 = hg\left(x_n + \frac{h}{2},\ y_n + \frac{k_1}{2},\ z_n + \frac{l_1}{2}\right)
$$

$$
k_3 = hf\left(x_n + \frac{h}{2},\ y_n + \frac{k_2}{2},\ z_n + \frac{l_2}{2}\right),\quad l_3 = hg\left(x_n + \frac{h}{2},\ y_n + \frac{k_2}{2},\ z_n + \frac{l_2}{2}\right)
$$

$$
k_4 = hf(x_n + h,\ y_n + k_3,\ z_n + l_3), \qquad l_4 = hg(x_n + h,\ y_n + k_3,\ z_n + l_3)
$$

$$
k = \frac{1}{6}(k_1 + 2k_2 + 2k_3 + k_4), \qquad l = \frac{1}{6}(l_1 + 2l_2 + 2l_3 + l_4)
$$

$$
y_{n+1} = y_n + k, \qquad\qquad\qquad z_{n+1} = z_n + l
$$

$$
(n = 0, 1, 2, \cdots)
$$

によって y_n，z_n から y_{n+1}，z_{n+1} を定める．

2階微分方程式は連立微分方程式に直して，ルンゲ・クッタ法を適用すればよい．それを次の例で説明する．

【例題7.3】

2階微分方程式　$\dfrac{d^2y}{dx^2} - x\dfrac{dy}{dx} + xy = 0$ 　　　　　　　　　　(7.9)

初期条件　$y(0) = 1,\ y'(0) = 1$

を解け．

【解】 $\dfrac{dy}{dx} = z(x)$ とおくと，$\dfrac{d^2y}{dx^2} = \dfrac{dz}{dx}$ となるから，式 (7.9) は

$$
\frac{dz}{dx} - xz + xy = 0
$$

となる．したがって，次の連立微分方程式を得る．

$$
\begin{cases}
\dfrac{dy}{dx} = z, & y(0) = 1 \\[2mm]
\dfrac{dz}{dx} = x(z - y), & z(0) = 1
\end{cases}
$$

これにポイント7.4のルンゲ・クッタ4次公式を適用する．刻み幅を h として，次のよう

な表を作る.

x	y	z	k_j	l_j	$k,\ l$
0.000	**1.00000**	**1.00000**	0.10000	0.00000	
0.050	1.05000	1.00000	0.10000	-0.00025	
0.050	1.05000	0.99988	0.09999	-0.00025	$k =$ **0.09999**
0.100	1.09999	0.99975	0.09997	-0.00100	$l = -0.00033$
0.100	**1.09999**	**0.99967**			

よって, $y(0.1) = 1.09999$, $z(0.1) = 0.99967$ を得る.

以下, 同様に続ければ,

$$y(0.2) = 1.19987, \quad z(0.2) = 0.99731$$
$$y(0.3) = 1.29932, \quad z(0.3) = 0.99085$$

が得られる.

▶▶▶ 演習問題 7

7.1 次の微分方程式にルンゲ・クッタ 4 次公式を用いて, $y(0.1)$, $y(0.2)$ を計算せよ. ただし, 刻み幅 h を 0.1 とせよ.

(1) $y' = x + y$, $y(0) = 1$

(2) $y' = e^{-\sin x} - y\cos x$, $y(0) = 1$

7.2 上の 7.1 の解を求積法で求めて, 7.1 の数値解と比べよ.

7.3 与えられた微分方程式 $y' = f(x,\ y)$ を, ルンゲ・クッタ 4 次公式によって解くプログラムを作れ. また, その解曲線の概形を描けるようにせよ.

7.4 次の微分方程式にポイント 7.4 のルンゲ・クッタ法を適用して, $y(1.1)$, $y(1.2)$ を計算せよ. ただし, 刻み幅 h を 0.1 とせよ.

$$x^2 y'' - xy' + y = x^2, \quad y(1) = 2, \quad y'(1) = 0$$

第8章 偏微分方程式

弦の自由振動，熱伝導の問題などを解析すると，未知関数に関する偏微分方程式を解く問題に帰着される．偏微分方程式の理論あるいは解法は，常微分方程式に比べて格段に難解である．ここでは，代表的な三つの2階偏微分方程式 (2 変数) の数値解法について簡単に述べる．

8.1 偏微分方程式とその分類

たとえば，領域 $D : 0 \leqq x \leqq 1,\ 0 \leqq y \leqq 1$ で定義された2変数関数 $z(x, y)$ で，次の方程式

$$x\frac{\partial z}{\partial x} - y\frac{\partial z}{\partial y} = (y - x)z$$

を満たすものを考えよう．

これは，独立変数 x, y, 未知関数 $z(x, y)$ および偏導関数 $\dfrac{\partial z}{\partial x}$, $\dfrac{\partial z}{zy}$ からなる一つの関係式 (方程式) である．

このように，一般に，いくつかの独立変数をもつ未知関数についての，1次あるいは高次の偏導関数を含む方程式を偏微分方程式という．その方程式を満たす未知関数をその解という．

その際，通常，定義域の境界において，未知関数がいくつかの条件を満たすようあわせて考える．たとえば，

$$z(x,\ 0) = 0, \quad z(x,\ 1) = x$$
$$z(0,\ y) = 0, \quad z(1,\ y) = y$$

のような条件である．このようなとき，この解を求める問題を偏微分方程式の境界値問題とよんでいる．

$z(x,\ y) = xye^{(x-1)(y-1)}$ は，上の境界条件を満たすこの偏微分方程式の解である．

2階定数係数線形偏微分方程式の一般形は，a, b, c, d, e, A, B を定数，$z(x,\ y)$ を未知関数として，

$$a\frac{\partial^2 z}{\partial x^2} + b\frac{\partial^2 z}{\partial x\partial y} + c\frac{\partial^2 z}{\partial y^2} + d\frac{\partial z}{\partial x} + e\frac{\partial z}{\partial y} + Az + B = 0$$

で表される．これについて，次のようにその型を分類している．

$b^2 - 4ac > 0$ のとき，双曲型

$b^2 - 4ac = 0$ のとき，放物型

$b^2 - 4ac < 0$ のとき，楕円型

それぞれの型で特に代表的なものは，次の三つの偏微分方程式である．

■ **(I)　1次元波動方程式 (双曲型)：**

$$\frac{\partial^2 z}{\partial t^2} = c\frac{\partial^2 z}{\partial x^2} \quad (c \text{ は正の定数})$$

一様な線密度の弦が，x軸上の2点に両端を固定して張られているとしよう．

この弦の各点xに変位$z = f(x)$とz軸方向の速度$v(x)$を与えると，この弦はxz平面内で振動する（図8.1）．時刻tにおける弦の任意の点のz軸方向の変位$z(x, t)$は，上の型の偏微分方程式を満たす．

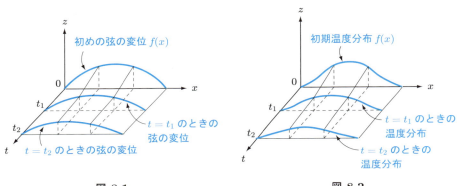

図 8.1　　　　　　　　　　図 8.2

■ **(II)　1次元熱伝導方程式 (放物型)：**

$$\frac{\partial z}{\partial t} = c\frac{\partial^2 z}{\partial x^2} \quad (c \text{ は正の定数})$$

一様な材質でできている細い針金の，一方の端からxの距離にある点の初期温度分布を$f(x)$とする．この針金は両端の断面以外からは放熱しないものとする．この針金の任意の点の時刻tにおける温度$z(x, t)$について考えると（図8.2），上の偏微分方程式に帰着される．

■ **(III)　2次元ラプラスの偏微分方程式 (楕円型)：**

$$\frac{\partial^2 z}{\partial x^2} + \frac{\partial^2 z}{\partial y^2} = 0$$

平面上の熱の流れが定常状態にあるときの温度分布，非圧縮性流体の定常流など時間に関係しない定常状態を解析するとき，この型の偏微分方程式になる (図8.3)．

以下，この特別な三つの偏微分方程式をある境界条件あるいは初期条件のもとに，差分法で解くことについて考えよう．次の8.2節はそのための準備である．

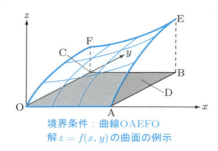

境界条件：曲線OAEFO
解 $z = f(x, y)$ の曲面の例示

図 8.3

8.2 偏導関数の差分による近似

関数 $z(x, y)$ に対して，平面上の一定点 (a, b) および正数 h, k を指定して，

$x_i = a + ih, \quad y_j = b + jk \quad (i, j \text{ は整数})$

点 $P_{ij} = (x_i, y_j)$ （格子点とよぶ）

$z_{ij} = z(x_i, y_j) \quad (z_{i,j} \text{と書くこともある)}$

とおく（図 8.4）．

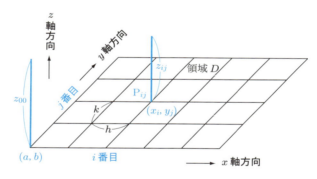

図 8.4

これらの格子点における関数値 z_{ij} によって偏導関数の値を近似することを考えよう．

偏導関数の値といっても，本質的には1変数関数 $f(x)$ の導関数の値を近似するのと変わりない．

h を十分小さくとってあるとしよう．前進差分，後退差分を考えれば，

$$f'(x_i) \fallingdotseq \frac{f_{i+1} - f_i}{h}, \quad f'(x_i) \fallingdotseq \frac{f_i - f_{i-1}}{h}$$

となる．ただし，$f_i = f(x_i)$ とする．

また，2次微分係数は前進差分で，

$$f''(x_i) \fallingdotseq \frac{f'(x_{i+1}) - f'(x_i)}{h}$$

となり，上式の右辺に上の後退差分の近似式を代入する．後退差分では $f'(x_{i+1}) = (f_{i+1} - f_i)/h$ だから，

$$f''(x_i) \fallingdotseq \frac{\dfrac{f_{i+1} - f_i}{h} - \dfrac{f_i - f_{i-1}}{h}}{h} = \frac{f_{i+1} - 2f_i + f_{i-1}}{h^2}$$

となる．これは中心差分とよばれている．

したがって，h, k が微小なとき，格子点 P_{ij} における $z(x, y)$ の偏導関数の値は次の式で近似される．

■ ポイント8.1　偏導関数の差分による近似式

$$\frac{\partial z}{\partial x} \fallingdotseq \frac{z_{i+1,j} - z_{i,j}}{h}, \qquad \frac{\partial z}{\partial y} \fallingdotseq \frac{z_{i,j+1} - z_{i,j}}{k} \tag{8.1}$$

$$\frac{\partial^2 z}{\partial x^2} \fallingdotseq \frac{z_{i+1,j} - 2z_{i,j} + z_{i-1,j}}{h^2} \tag{8.2}$$

$$\frac{\partial^2 z}{\partial y^2} \fallingdotseq \frac{z_{i,j+1} - 2z_{i,j} + z_{i,j-1}}{k^2} \tag{8.3}$$

8.3　差分近似による数値解法

偏微分方程式が与えられたとき，その偏導関数の部分を式 (8.1)，(8.2)，(8.3) のような差分で置き換え，関数値に関する連立方程式に帰着させて，格子点における関数値を求める．

これについて，以下境界条件を具体的に与えた例をもとに考えてみよう．

■(I)　波動方程式 (双曲型)：

次の関数 $z(x, t)$ についての偏微分方程式を考える．

$$\frac{\partial^2 z}{\partial t^2} = c\frac{\partial^2 z}{\partial x^2} \quad (c \text{ は正の定数}), \quad (0 \leqq x \leqq 1,\ 0 \leqq t)$$

初期条件　$z(x, 0) = f(x)$, $\quad z_t(x, 0) = g(x)$

境界条件　$z(0, t) = 0$, $\quad z(1, t) = 0$

偏導関数の差分による近似式 (8.2)，(8.3) より，（変数 y を t に変える）

$$\frac{z_{i,j+1} - 2z_{i,j} + z_{i,j-1}}{k^2} = c\frac{z_{i+1,j} - 2z_{i,j} + z_{i-1,j}}{h^2}$$

が成り立つ．いま $k/h = r$ とおき，$z_{i,j+1}$ について解くと，

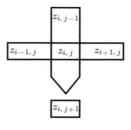

図 8.5

$$z_{i,j+1} = cr^2 z_{i+1,j} + 2(1-cr^2)z_{i,j} + cr^2 z_{i-1,j} - z_{i,j-1} \tag{8.4}$$

となる．これは，図 8.5 に示すように，十字形の頂点の値が残りの四つの点での値を用いて定められることを示している．

さらに，式 (8.4) で $z_{i,j}$ の係数が 0 となるように，つまり，$h = \sqrt{c}\,k$ となるように h, k を定めると，式 (8.4) は次のようになる．

$$z_{i,j+1} = z_{i+1,j} + z_{i-1,j} - z_{i,j-1} \tag{8.5}$$

【例題 8.1】 次の波動方程式を解け．

$$\frac{\partial^2 z}{\partial t^2} = 9\frac{\partial^2 z}{\partial x^2}, \quad (0 \leqq x \leqq 2, 0 \leqq t)$$

初期条件　$z(x, 0) = 0.05x(2-x),\ z_t(x, 0) = 0$

境界条件　$z(0, t) = 0,\ z(2, t) = 0$

【解】 x の区間 $[0, 2]$ を 8 等分すれば，$h = 0.25,\ i = 0, 1, \cdots, 8$ となる．また，$k = h/\sqrt{c} = h/3 = 0.25/3$ にとれば，$r = 1/3$ である．

いま，$j = 0, 1, \cdots, 10$ としよう．点 $(0, 0)$ を基点にとれば，

$$z_{ij} = z(ih, jk), \quad (i = 0, 1, \cdots, 8;\ j = 0, 1, \cdots, 10)$$

となり，式 (8.5) より，

$$z_{i,j+1} = z_{i+1,j} + z_{i-1,j} - z_{i,j-1} \tag{8.6}$$

となる．式 (8.6) で $j = 0$ とすれば，次の等式になる．

$$z_{i,1} = z_{i+1,0} + z_{i-1,0} - z_{i,-1}$$

一方，条件 $z_t(x, 0) = 0$ より，k が微小なとき，次式が成り立つ．

$$z(x, -k) \fallingdotseq z(x, 0) - k\frac{\partial}{\partial t}z(x, 0) = z(x, 0)$$

$$z(x, k) \fallingdotseq z(x, 0) + k\frac{\partial}{\partial t}z(x, 0) = z(x, 0)$$

したがって，$z(x, k) \fallingdotseq z(x, -k)$ となる．これより，$z_{i,1} \fallingdotseq z_{i,-1}$ となるから，上式に代入して，

$$z_{i,1} \doteqdot \frac{1}{2}(z_{i+1,0} + z_{i-1,0}), \quad (i = 1, 2, \cdots, 8) \tag{8.7}$$

を得る.

また，もう一つの初期条件 $z(x, 0) = 0.05x(2 - x)$，および境界条件 $z(0, t) = 0$，$z(2, t) = 0$ より，

$$\begin{array}{lcccl}
z_{0,0} = 0, & z_{1,0} = 0.0219, & \cdots, & z_{7,0} = 0.0219, & z_{8,0} = 0, \\
z_{0,1} = 0, & * & \cdots & * & z_{8,1} = 0, \\
z_{0,2} = 0, & * & \cdots & * & z_{8,2} = 0, \\
z_{0,3} = 0, & * & \cdots & * & z_{8,3} = 0, \\
\vdots & \vdots & \vdots & \vdots & \vdots \\
z_{0,9} = 0, & * & \cdots & * & z_{8,9} = 0, \\
z_{0,10} = 0, & * & \cdots & * & z_{8,10} = 0
\end{array} \tag{8.8}$$

となる.

式 (8.7) で $i = 1, 2, \cdots, 7$ とし，上の値を代入すれば，

$$z_{1,1} = 0.0188, \quad z_{2,1} = 0.0344, \quad \cdots, \quad z_{7,1} = 0.0188 \tag{8.9}$$

を得る.

また，式 (8.6) で $j = 2$，$i = 1, 2, \cdots, 7$ とし，式 (8.8)，(8.9) の値を代入すれば，

$$z_{1,2} = 0.0125, \quad z_{2,2} = 0.0250, \quad \cdots, \quad z_{7,2} = 0.0125$$

を得る.

以下，同様に $j = 3$，$i = 1, 2, \cdots, 7$; $j = 4$，$i = 1, 2, \cdots, 7$; $\cdots$ としていけば，各格子点での近似値が求められる.

実際に次のプログラム 8.1 によって計算した結果を，表 8.1 と図 8.6 に示す.

なお，この方程式の解 $z(x, t)$ は，フーリエ級数を用いて，

$$z(x, t) = \frac{1.6}{\pi^3} \sum_{n=1}^{\infty} \frac{1}{(2n-1)^3} \sin \frac{(2n-1)\pi x}{2} \cos \frac{3(2n-1)\pi t}{2}$$

で表される. これによって第 5 項までの和を計算した値も，あわせて表にしておく.

プログラム 8.1

```
1  /*************************************************/
2  /*    波 動 方 程 式 の 差 分 に よ る 数 値 解 法    hadou.c    */
3  /*    解 曲 面 の 数 値 デ ー タ を 数 表 と し て 出 力 す る.    */
4  /*************************************************/
5  #include <stdio.h>
6  #include <math.h>
7  #define   M      18
8  #define   N      10
9  #define   FNF(x)  0.05*x*(2.0-x)   /* 初 め の 弦 の 位 置 */
10 int main(void)
11 {    int     i, j, n;
12      double  a, b, h, c, k, t, x, z[N+1][M+1];
```

136 ■ 第8章 偏微分方程式

```
13      char    zz;
14      /*  M:tのステップ数  a,b:xの区間  h:xの刻み幅  */
15      /***  初期設定  ***/
16      a = 0.0;              b = 2.0;    h = 0.25;
17      n = (int)(b-a)/h;  c = 9.0;    k = h / sqrt(c);
18      /***  Z(x,0)の計算値  ***/
19      for(i=0; i<=n; i++) {
20          x = a + h * i;
21          z[i][0] = FNF(x);
22      }
23      /***  Z(0,t)=0.0  Z(8,t)=0.0  の設定  ***/
24      for(j=0; j<=M; j++) {
25          z[0][j] = 0.0;
26          z[n][j] = 0.0;
27      }
28      for(i=1; i<=n-1; i++) {
29          z[i][1] = (z[i+1][0] + z[i-1][0]) / 2.0;
30      }
31      /***  数値解の計算  ***/
32      for(j=1; j<=M-1; j++) {
33          for(i=1; i<=n-1; i++) {
34              z[i][j+1]=z[i+1][j]+z[i-1][j]-z[i][j-1];
35          }
36      }
37      printf("波動方程式の差分による数値解\n");
38      printf("\n波動方程式 : Ztt = %1.0lfZxx\n",c);
39      printf("\nD        : ");
40      printf("%1.0lf≦x≦%1.0lf, 0≦t≦%3.1lf\n",a,b,k*M);
41      printf("\n初期条件   : Z(x,0)=0.05x(2-x)\n");
42      printf("\n横の刻み  : h=%4.2lf",h);
43      printf("\n縦の刻み  : k=%4.2lf",k);
44      printf("\n\nエンターキーを押せば ");
45      printf("計算結果を出力します\n");
46      scanf("%c",&zz);
47      /*  数値解の出力 ( z(x,t)の値のみを出力 ) */
48      for(t=0.0, j=0; j<=M; j++) {
49          for(x=0.0, i=0; i<=n; i++ )
50              {  printf("%7.4lf",z[i][j]);  }
51          printf("\n");
52      }
53      /*  数値解の出力 ( x, t, z(x,t)を出力 ) */
54      for(t=0.0, j=0; j<=M; j++) {
55          for(x=0.0, i=0; i<=n; i++ ) {
56              printf("%7.4lf %7.4lf %7.4lf\n",x,t,z[i][j]);
57              x = x + 0.25;
58          }
59          printf("\n");
60          t = t + 0.25 / 3.0;
61      }
```

```
62      return 0;
63  }
```

表 8.1

*** 波動方程式の差分による数値解 *** h=.25, k=h/3

0.0000	0.0219	0.0375	0.0469	0.0500	0.0469	0.0375	0.0219	0.0000
0.0000	0.0188	0.0344	0.0438	0.0469	0.0438	0.0344	0.0188	0.0000
0.0000	0.0125	0.0250	0.0344	0.0375	0.0344	0.0250	0.0125	0.0000
0.0000	0.0063	0.0125	0.0188	0.0219	0.0188	0.0125	0.0063	0.0000
0.0000	0.0000	0.0000	0.0000	0.0000	0.0000	0.0000	0.0000	0.0000
0.0000	-.0062	-.0125	-.0188	-.0219	-.0188	-.0125	-.0062	0.0000
0.0000	-.0125	-.0250	-.0344	-.0375	-.0344	-.0250	-.0125	0.0000
0.0000	-.0188	-.0344	-.0438	-.0469	-.0438	-.0344	-.0188	0.0000
0.0000	-.0219	-.0375	-.0469	-.0500	-.0469	-.0375	-.0219	0.0000

*** フーリエ級数による解 ***

0.0000	0.0219	0.0375	0.0469	0.0500	0.0469	0.0375	0.0219	-.0000
0.0000	0.0187	0.0344	0.0438	0.0469	0.0438	0.0344	0.0187	0.0000
0.0000	0.0125	0.0250	0.0344	0.0375	0.0344	0.0250	0.0125	0.0000
0.0000	0.0063	0.0125	0.0187	0.0219	0.0187	0.0125	0.0063	-.0000
0.0000	0.0000	0.0000	-.0000	-.0000	-.0000	0.0000	0.0000	-.0000
0.0000	-.0063	-.0125	-.0187	-.0219	-.0187	-.0125	-.0063	0.0000
0.0000	-.0125	-.0250	-.0344	-.0375	-.0344	-.0250	-.0125	-.0000
0.0000	-.0187	-.0344	-.0438	-.0469	-.0438	-.0344	-.0187	-.0000
0.0000	-.0219	-.0375	-.0469	-.0500	-.0469	- 0375	-.0219	0.0000

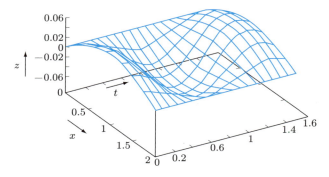

図 8.6

138 ■ 第 8 章 偏微分方程式

■(II) 熱伝導方程式 (放物型)：

関数 $z(x, t)$ について次の偏微分方程式を考える.

$$\frac{\partial z}{\partial t} = c\frac{\partial^2 z}{\partial x^2} \quad (c \text{ は正の定数})$$

初期条件 $\quad z(x,\ 0) = f(x)$

境界条件 $\quad z(0,\ t) = g_1(t),\ z(1,\ t) = g_2(t)$

一般に，$\dfrac{\partial^2 z}{\partial x^2}$ の点 P_{ij} における中心差分近似は，式 (8.2) より，

$$\frac{\partial^2 z}{\partial x^2} \doteqdot \frac{z_{i+1,j} - 2z_{i,j} + z_{i-1,j}}{h^2}$$

である．いま，点 P_{ij} および $\mathrm{P}_{i,j+1}$ における $\dfrac{\partial^2 z}{\partial x^2}$ の中心差分近似の加重平均で $\dfrac{\partial^2 z}{\partial x^2}$ を近似してみよう．重みを $(1-\theta) : \theta$ とすれば，

$$\frac{\partial^2 z}{\partial x^2} \doteqdot (1-\theta)\frac{z_{i+1,j} - 2z_{i,j} + z_{i-1,j}}{h^2} + \theta\frac{z_{i+1,j+1} - 2z_{i,j+1} + z_{i-1,j+1}}{h^2}$$

となる．これと式 (8.1) の第 2 式を偏微分方程式に代入すれば，次の式が成り立つ.

$$\frac{z_{i,j+1} - z_{i,j}}{k} \doteqdot c\left\{(1-\theta)\frac{z_{i+1,j} - 2z_{i,j} + z_{i-1,j}}{h^2} + \theta\frac{z_{i+1,j+1} - 2z_{i,j+1} + z_{i-1,j+1}}{h^2}\right\}$$

$r = ck/h^2$ とおき，添え字が $j+1$ のものを左辺に，j のものを右辺にまとめると，

$$-r\theta z_{i-1,j+1} + (1+2r\theta)z_{i,j+1} - r\theta z_{i+1,j+1}$$
$$\doteqdot r(1-\theta)z_{i-1,j} + \{1 - 2r(1-\theta)\}z_{i,j} + r(1-\theta)z_{i+1,j}$$

となる．$\theta = 1/2$ とすれば，次の**クランク・ニコルソン (Crank–Nicolson) の公式**が得られる.

$$z_{i-1,j+1} - 2\left(1 + \frac{1}{r}\right)z_{i,j+1} + z_{i+1,j+1} \doteqdot -z_{i-1,j} + 2\left(1 - \frac{1}{r}\right)z_{i,j} - z_{i+1,j}$$

$$(i = 1, 2, \cdots, n-1\ ;\ j = 0, 1, \cdots, m) \tag{8.10}$$

ここに，$z_{i,0}(i = 1, 2, \cdots, n)$ は初期条件より，$z_{0,j},\ z_{n,j},(j = 1, 2, \cdots, m)$ は境界条件より定まる既知数である.

【注意】　$\theta = 0$ とすれば，次の前進型の公式が得られる.

$$z_{i,j+1} \doteqdot rz_{i+1,j} + (1-2r)z_{i,j} + rz_{i-1,j}$$

この場合は $r > 0.5$ のときは，不安定であることがわかっている.

また，$\theta = 1$ とすれば，

$$z_{i,j} \doteqdot -rz_{i-1,j+1} + (1+2r)z_{i,j+1} - rz_{i+1,j+1}$$

となる．これは逆進型の公式で，**オブライエン・ハイマン・カプランの公式**とよばれている.

8.3 差分近似による数値解法 ■ **139**

　以下，クランク・ニコルソン法について考えてみよう．初期条件および式 (8.10) で $j = 0$ とおくことにより，$z_{i,1}(i = 0, 1, 2, \cdots, n)$ に関する連立方程式ができる．これを解いて，$z_{i,1}(i = 1, 2, \cdots, n-1)$ が得られる．

　一般に，$j = k$ での値 $z_{1,k}, z_{2,k}, \cdots, z_{n-1,k}$ が求められれば，$j = k+1$ のときの値 $z_{1,k+1}, z_{2,k+1}, \cdots, z_{n-1,k+1}$ が求められる．実際，

$$p = 2\left(1 + \frac{1}{r}\right), \quad q = 2\left(1 - \frac{1}{r}\right)$$

とおき，$j = k$ として，$i = 1, 2, \cdots, n-1$ を順次与えて得られる次の連立方程式を解けばよい．

$$\begin{cases} z_{0,k+1} & = g_1(t_{k+1}) \\ z_{0,k+1} - pz_{1,k+1} + z_{2,k+1} & = -z_{0,k} + qz_{1,k} - z_{2,k} \\ \quad z_{1,k+1} - pz_{2,k+1} + z_{3,k+1} & = -z_{1,k} + qz_{2,k} - z_{3,k} \\ \quad\quad\quad \vdots & \quad\quad \vdots \\ z_{n-2,k+1} - pz_{n-1,k+1} + z_{n,k+1} & = -z_{n-2,k} + qz_{n-1,k} - z_{n,k} \\ \quad\quad\quad\quad z_{n,k+1} & = g_2(t_{k+1}) \end{cases}$$

これを行列を用いて書き表すと次のようになる．

$$\begin{bmatrix} -p & 1 & 0 & 0 & \cdots & 0 & 0 \\ 1 & -p & 1 & 0 & \cdots & 0 & 0 \\ 0 & 1 & -p & 1 & \cdots & 0 & 0 \\ 0 & 0 & 1 & -p & \cdots & 0 & 0 \\ \vdots & \vdots & \vdots & \vdots & \ddots & \vdots & \vdots \\ 0 & 0 & 0 & 0 & \cdots & -p & 1 \\ 0 & 0 & 0 & 0 & \cdots & 1 & -p \end{bmatrix} \begin{bmatrix} z_{1,k+1} \\ z_{2,k+1} \\ z_{3,k+1} \\ z_{4,k+1} \\ \vdots \\ z_{n-2,k+1} \\ z_{n-1,k+1} \end{bmatrix}$$

$$= \begin{bmatrix} -z_{0,k} & + qz_{1,k} & - z_{2,k} & - g_1(t_{k+1}) \\ -z_{1,k} & + qz_{2,k} & - z_{3,k} & \\ -z_{2,k} & + qz_{3,k} & - z_{4,k} & \\ -z_{3,k} & + qz_{4,k} & - z_{5,k} & \\ & \vdots & & \\ -z_{n-3,k} & + qz_{n-2,k} & - z_{n-1,k} & \\ -z_{n-2,k} & + qz_{n-1,k} & - z_{n,k} & - g_2(t_{k+1}) \end{bmatrix} \tag{8.11}$$

この連立方程式を解けば，$z_{i,k+1}(j = 1, 2, \cdots, n-1)$ が得られる．

クランク・ニコルソン法をプログラム 8.2 にあげておこう．

140 ■ 第 8 章　偏微分方程式

【例題 8.2】　熱伝導方程式　$\dfrac{\partial z}{\partial t} = 2\dfrac{\partial^2 z}{\partial x^2}$, $(0 \leqq x \leqq 4,\ t \geqq 0)$,

　　　　初期条件　$z(x,\ 0) = 1$,　$(0 < x < 4)$

　　　　境界条件　$z(0,\ t) = 0$, $z(4,\ t) = 0$,　$(t \geqq 0)$

をクランク・ニコルソン法で解け.

【解】　$h = 0.5$, $k = 0.1$ にとる. $i = 0, 1, 2, \cdots, 8$ である. $c = 2$ だから, $r = ck/h^2 = (2 \times 0.1)/0.25 = 0.8$. ゆえに, $p = 4.5$, $q = -0.5$ である.

また, $f(x) = z(x,\ 0) = 1, (0 < x < 4)$, $g_1(t) = z(0,\ t) = 0$, $g_2(t) = z(4,\ t) = 0$ であるから,

$$z_{1,0} = z_{2,0} = z_{3,0} = z_{4,0} = z_{5,0} = z_{6,0} = z_{7,0} = 1,\quad z_{0,0} = z_{8,0} = 0$$

となる. さて, 式 (8.11) で $k = 0$ とおけば, 右辺は上から順に, -1.5, -2.5, -2.5, -2.5, -2.5, -2.5, -1.5 となる. したがって, $z_{1,1}$, $z_{2,1}$, $z_{3,1}$, $z_{4,1}$, $z_{5,1}$, $z_{6,1}$, $z_{7,1}$ に関する次の連立方程式が得られる.

$$
\begin{bmatrix}
-4.5 & 1 & 0 & 0 & 0 & 0 & 0 \\
1 & -4.5 & 1 & 0 & 0 & 0 & 0 \\
0 & 1 & -4.5 & 1 & 0 & 0 & 0 \\
0 & 0 & 1 & -4.5 & 1 & 0 & 0 \\
0 & 0 & 0 & 1 & -4.5 & 1 & 0 \\
0 & 0 & 0 & 0 & 1 & -4.5 & 1 \\
0 & 0 & 0 & 0 & 0 & 1 & -4.5
\end{bmatrix}
\begin{bmatrix}
z_{1,1} \\ z_{2,1} \\ z_{3,1} \\ z_{4,1} \\ z_{5,1} \\ z_{6,1} \\ z_{7,1}
\end{bmatrix}
=
\begin{bmatrix}
-1.5 \\ -2.5 \\ -2.5 \\ -2.5 \\ -2.5 \\ -2.5 \\ -1.5
\end{bmatrix}
$$

これを解いて,

$$z_{1,1} = 0.5311,\quad z_{2,1} = 0.8897,$$
$$z_{3,1} = 0.9728,\quad z_{4,1} = 0.9879,$$
$$z_{5,1} = 0.9728,\quad z_{6,1} = 0.8897,$$
$$z_{7,1} = 0.5311$$

となる.

同様に, 式 (8.11) で $k = 1$ とすれば, 今度は, $z_{1,2}$, $z_{2,2}$, $z_{3,2}$, $z_{4,2}$, $z_{5,2}$, $z_{6,2}$, $z_{7,2}$, に関する連立方程式ができる. それを解いて,

$$z_{1,2} = 0.4178,\quad z_{2,2} = 0.7249,$$
$$z_{3,2} = 0.8953,\quad z_{4,2} = 0.9401,$$
$$z_{5,2} = 0.8953,\quad z_{6,2} = 0.7249,$$
$$z_{7,2} = 0.4178$$

を得る.

以下, 同様に繰り返せばよいが, これをプログラム 8.2 で計算した結果を式 (8.8) の形式で表示すると, 次のようになる.

0.0000	1.0000	1.0000	1.0000	1.0000	1.0000	1.0000	1.0000	0.0000
0.0000	0.5311	0.8897	0.9728	0.9879	0.9728	0.8897	0.5311	0.0000
0.0000	0.4178	0.7249	0.8953	0.9401	0.8953	0.7249	0.4178	0.0000
0.0000	0.3469	0.6271	0.7994	0.8577	0.7994	0.6271	0.3469	0.0000
0.0000	0.2999	0.5491	0.7112	0.7667	0.7112	0.5491	0.2999	0.0000
0.0000	0.2629	0.4842	0.6304	0.6814	0.6304	0.4842	0.2629	0.0000
0.0000	0.2319	0.4280	0.5584	0.6041	0.5584	0.4280	0.2319	0.0000
0.0000	0.2050	0.3786	0.4944	0.5351	0.4944	0.3786	0.2050	0.0000
0.0000	0.1814	0.3351	0.4377	0.4737	0.4377	0.3351	0.1814	0.0000
0.0000	0.1605	0.2966	0.3875	0.4194	0.3875	0.2966	0.1605	0.0000
0.0000	0.1421	0.2625	0.3430	0.3713	0.3430	0.2625	0.1421	0.0000

プログラム 8.2

```c
/*****************************************************/
/*    熱伝導方程式の数値解法（クランク・ニコルソン法）  */
/*  /*                              netsuden.c        */
/*****************************************************/
#include <stdio.h>
#include <math.h>
/**  問題に従って境界条件 Gn(t) を設定する **/
#define    G1(t)       0.0
#define    G2(t)       0.0
/**  問題に従って初期条件 Fn(x) を設定する **/
#define    F1(x)       1.0
#define    F2(x)       x
#define    F3(x)       -x + 2
#define    N           30
void  fgusj(int n, double b[][N+2], double e[][2*N+2])
{    int    i, j, k, l;
     double  d, e2;
     for(i=1; i<=n+1; i++) {
         for(j=1; j<=n+1; j++) {
             e[i][j] = b[i][j];
             if(i == j) { e[i][n+1+j] = 1.0;  }
             else       { e[i][n+1+j] = 0.0;  }
         }
     }
     for(i=1; i<=n+1; i++) {
         d = e[i][i];
         for(j=i; j<=2*n+2; j++)
           { e[i][j] = e[i][j] / d;  }
         for(k=1; k<=n+1; k++) {
             if(k == i)   continue;
```

```
31              e2 = e[k][i];
32              for(l=1; l<=2*n+2; l++)
33                  { e[k][l] = e[k][l] - e[i][l] * e2; }
34          }
35      }
36 }
37 int main(void)
38 {   int      i, j, k, kosu, m, n;
39     double   c, b2, hx, ht, t, s, p, q, x;
40     static double  a[5], z[N+2][N+2], b[N+2][N+2];
41     static double  e[N+2][2*N+2];
42     char     qq, zz;
43     printf("このプログラムは，熱伝導方程式\n\n");
44     printf("   Zt = c Zxx        ( c は定数 )\n\n");
45     printf("を次の境界条件および初期条件:\n\n");
46     printf("境界条件:Z(0,t)=g1(t), Z(a,t)=g2(t)\n");
47     printf("初期条件:Z(x,0)=f(x)\n\nのもとに ");
48     printf("クランク·ニコルソン法で解きます. ");
49     printf("\n\n境界条件 G1(t), G2(t) はマクロ定義");
50     printf("で設定済みです\n\n");
51     printf("次に必要事項を入力します. ");
52     printf("エンターキーを押してください. \n");
53     scanf("%c",&zz);
54     while( 1 ){
55         printf("f(x)はいくつの分枝から成立ちますか？");
56         printf("\n          (分枝数は3以下とする) \n");
57         scanf("%d%c",&kosu,&zz);
58         a[0] = 0.0;
59         for(i=1; i<=kosu; i++) {
60             printf("f%1d(x) = F%1d(x) と設定済み",i,i);
61             printf(" [%5.2lf , a ] の a = ", a[i-1]);
62             scanf("%lf%c",&a[i],&zz);
63         }
64         printf("\n以下の値を入力してください. \n");
65         printf("熱伝導方程式の定数   c = ");
66         scanf("%lf%c",&c,&zz);
67         printf("時間軸の区間[0 , t]  t = ");
68         scanf("%lf%c",&b2,&zz);
69         printf("x の刻み幅           hx = ");
70         scanf("%lf%c",&hx,&zz);
71         printf("t の刻み幅           ht = ");
72         scanf("%lf%c",&ht,&zz);
73         printf("\n正しく入力しましたか？(y/n) ");
74         scanf("%c%c",&qq,&zz);
75         if(qq == 'y')    break;
76     }
77     m = b2 / ht ;        n = a[kosu] / hx ;
78     /** 初期条件より t=0 における値を代入する **/
79     for(i=1; i<=n-1; i++) {
```

8.3　差分近似による数値解法　■　**143**

```c
80          x = a[0] + hx * i;
81          if(x <= a[1]) { z[i][0] = F1(x); continue; }
82          if(x <= a[2]) { z[i][0] = F2(x); continue; }
83          if(x <= a[3]) { z[i][0] = F3(x); }
84      }
85      /**  境界条件より x=0,x=a における値を代入する **/
86      for(j=0; j<=m; j++) {
87          t          = ht * j;
88          z[0][j]    = G1(t);
89          z[n+1][j]  = G2(t);
90      }
91      s = (hx * hx) / (c * ht);
92      p = 2 * (1 + s);      q = 2 * (1 - s);
93      b[1][1] = 1.0;          b[n+1][n+1] = 1.0;
94      for(i=2; i<=n; i++) {
95          b[i][i-1] = 1.0;
96          b[i][i]   = -p;
97          b[i][i+1] = 1.0;
98      }
99      fgusj(n, b, e);      /**  関数を呼び出す **/
100     /*** Z(x,t) の値を求める ***/
101     for(j=1; j<=m; j++) {
102         b[1][n+2] = z[0][j];
103         b[n+1][n+2] = z[n+1][j];
104         for(i=2; i<=n; i++) {
105             b[i][n+2] = -z[i-2][j-1] +
106                         q * z[i-1][j-1] - z[i][j-1];
107         }
108         for(i=0; i<=n; i++) {
109             s = 0.0;
110             for(k=1; k<=n+1; k++) {
111                 s += e[i+1][n+1+k] * b[k][n+2];
112             }
113             z[i][j] = s;
114         }
115     }
116     printf("\n計算を終了しました．結果を出力します．\n");
117     printf("\n熱伝導方程式  Zt = %2.0lfZxx の",c);
118     printf("クランク・ニコルソン法による数値解\n\n");
119     for(j=0; j<=m; j++) {
120         for(i=0; i<=n; i++) {
121             printf(" %7.4lf",z[i][j]);
122         }
123         printf("\n");
124     }
125     return 0;
126 }
```

144 ■ 第8章　偏微分方程式

■(III)　ポアッソン (ラプラス) の偏微分方程式：

長方形領域 D において，次の偏微分方程式を考える．

$$\frac{\partial^2 z}{\partial x^2} + \frac{\partial^2 z}{\partial y^2} = f(x,\ y)$$

かつ，領域 D の境界において $z(x,\ y)$ の値は既知

特に，$f(x,\ y) = 0$ のときは，ラプラスの偏微分方程式という．

偏導関数の差分による近似式 (8.2), (8.3) を代入することにより，

$$\frac{z_{i+1,j} - 2z_{i,j} + z_{i-1,j}}{h^2} + \frac{z_{i,j+1} - 2z_{i,j} + z_{i,j-1}}{k^2} = f_{i,j} \quad (= f(x_i,\ y_j))$$

となる．いま，格子間隔の比 k/h を r とおけば，上の式より，

$$r^2(z_{i+1,j} - 2z_{i,j} + z_{i-1,j}) + z_{i,j+1} - 2z_{i,j} + z_{i,j-1} \fallingdotseq f_{i,j}k^2$$

$$r^2 z_{i-1,j} + z_{i,j-1} - 2(r^2+1)z_{i,j} + z_{i,j+1} + r^2 z_{i+1,j} \fallingdotseq f_{i,j}k^2$$

$x,\ y$ の分点を $x_0, x_1, \cdots, x_n;\ y_0, y_1, \cdots, y_m$ とすれば，上式の $i,\ j$ の範囲は，$i = 1, 2, \cdots, n-1;\ j = 1, 2, \cdots, m-1$ である．

簡単のため，$p = -2(r^2+1)$，$q = r^2$ とおけば，次の漸化式が得られる．

$$qz_{i-1,j} + z_{i,j-1} + pz_{i,j} + z_{i,j+1} + qz_{i+1,j} \fallingdotseq f_{i,j}k^2 \qquad (8.12)$$
$$(i = 1, 2, \cdots, n-1\ ;\ j = 1, 2, \cdots, m-1)$$

式 (8.12) から得られる等式は全部で $(n-1)(m-1)$ 個である．これらの等式に現れる格子点での関数値は $(n+1)(m+1) - 4$ 個であるが，このうち境界条件より，$z_{0,j}$, $z_{n,j}(j = 1, 2, \cdots, m-1)$ および $z_{i,0}$, $z_{i,m}(i = 1, 2, \cdots, n-1)$ の $2(m+n-2)$ 個は既知だから，未知のものはちょうど $(n-1)(m-1)$ 個となる．

したがって，これを連立して解けば，$z_{i,j}(i = 1, 2, \cdots, n-1;\ j = 1, 2, \cdots, m-1)$ が得られる．式 (8.12) において，具体的に $i,\ j$ に値を与え，既知数を右辺に移項すれば次のようになる．

● $i = 1$ の場合，

・$j = 1$ または $j = m-1$ のとき，(後者のときは，次の式で網かけの項を入れ替える．以下同じ)

$$pz_{1,j} + \boxed{z_{1,j+1}} + qz_{2,j} = f_{1,j}k^2 - qz_{0,j} - \boxed{z_{1,j-1}}$$

・$2 \leqq j \leqq m-2$ のとき，

$$z_{1,j-1} + pz_{1,j-2} + z_{1,j-3} + qz_{2,j} = f_{1,j}k^2 - qz_{0,j}$$

● $i = 2$ の場合，

・$j = 1$ または $j = m-1$ のとき，

$$qz_{1,j} + pz_{2,j} + \boxed{z_{2,j+1}} + qz_{3,j} = f_{2,1}k^2 - \boxed{z_{2,j-1}}$$

・$2 \leqq j \leqq m-2$ のとき,

$$qz_{1,j} + z_{2,j-1} + pz_{2,j} + z_{2,j+1} + qz_{3,j} = f_{2,j}k^2$$

● $3 \leqq i \leqq n-2$ の場合,

・$j = 1$ または $j = m-1$ のとき,

$$qz_{i-1,j} + z_{i,j+1} + pz_{i,j} + z_{i+1,j} = f_{i,j}k^2 - z_{i,j-1}$$

・$2 \leqq j \leqq m-2$ のとき,

$$qz_{i-1,j} + z_{i,j-1} + pz_{i,j} + z_{i,j+1} + qz_{i+1,j} = f_{i,j}k^2$$

● $i = n-1$ の場合,

・$j = 1$ または $j = m-1$ のとき,

$$qz_{n-2,j} + pz_{n-1,j} + z_{n-1,j+1} = f_{n-1,j}k^2 - qz_{n,j} - z_{n-1,j-1}$$

・$2 \leqq j \leqq m-2$ のとき,

$$qz_{n-2,j} + z_{n-1,j-1} + pz_{n-1,j} + z_{n-1,j+1} = f_{n-1,j}k^2 - qz_{n,j}$$

これを $n = 5$, $m = 5$ の場合について,具体的に書き下してみよう.

$$A = \begin{bmatrix}
p & 1 & 0 & 0 & q & & & & & & & & & & \\
1 & p & 1 & 0 & 0 & q & & & & & & & & & \\
0 & 1 & p & 1 & 0 & 0 & q & & & & & & & & \\
0 & 0 & 1 & p & 0 & 0 & 0 & q & & & & \mathbf{0} & & & \\
q & 0 & 0 & 0 & p & 1 & 0 & 0 & q & & & & & & \\
& q & 0 & 0 & 1 & p & 1 & 0 & 0 & q & & & & & \\
& & q & 0 & 0 & 1 & p & 1 & 0 & 0 & q & & & & \\
& & & q & 0 & 0 & 1 & p & 1 & 0 & 0 & q & & & \\
& & & & q & 0 & 0 & 1 & p & 1 & 0 & 0 & q & & \\
& & & & & q & 0 & 0 & 1 & p & 1 & 0 & 0 & q & \\
& & & & & & q & 0 & 0 & 1 & p & 1 & 0 & 0 & q \\
& & & \mathbf{0} & & & & q & 0 & 0 & 1 & p & 1 & 0 & 0 \\
& & & & & & & & q & 0 & 0 & 1 & p & 1 & 0 \\
& & & & & & & & & q & 0 & 0 & 1 & p & 1 \\
& & & & & & & & & & q & 0 & 0 & 1 & p
\end{bmatrix}$$

とおけば,

146 ■ 第 8 章　偏微分方程式

$$
A \begin{bmatrix}
z_{1,1} \\
z_{1,2} \\
z_{1,3} \\
z_{1,4} \\
z_{2,1} \\
z_{2,2} \\
z_{2,3} \\
z_{2,4} \\
z_{3,1} \\
z_{3,2} \\
z_{3,3} \\
z_{3,4} \\
z_{4,1} \\
z_{4,2} \\
z_{4,3} \\
z_{4,4}
\end{bmatrix}
=
\begin{bmatrix}
f_{1,1}k^2 - qz_{0,1} - z_{1,0} \\
f_{1,2}k^2 - qz_{0,2} \\
f_{1,3}k^2 - qz_{0,3} \\
f_{1,4}k^2 - qz_{0,4} - z_{1,5} \\
f_{2,1}k^2 \qquad\quad - z_{2,0} \\
f_{2,2}k^2 \\
f_{2,3}k^2 \\
f_{2,4}k^2 \qquad\quad - z_{2,5} \\
f_{3,1}k^2 \qquad\quad - z_{3,0} \\
f_{3,2}k^2 \\
f_{3,3}k^2 \\
f_{3,4}k^2 \qquad\quad - z_{3,5} \\
f_{4,1}k^2 - qz_{5,1} - z_{4,0} \\
f_{4,2}k^2 - qz_{5,2} \\
f_{4,3}k^2 - qz_{5,3} \\
f_{4,4}k^2 - qz_{5,4} - z_{4,5}
\end{bmatrix}
\tag{8.13}
$$

　この係数行列 A は，対角成分の両側の 1 は四つ目 (一般には $m-1$ 個目) ごとに 0 になっていることに注意しておこう．

【例題 8.3】　次のラプラスの偏微分方程式を解け．

$$\frac{\partial^2 z}{\partial x^2} + \frac{\partial^2 z}{\partial y^2} = 0, \quad 長方形領域\ D : 0 \leqq x \leqq 1, 0 \leqq y \leqq 0.5$$

境界条件 : $z(x,\ 0) = 0,\ z(x,\ 0.5) = 0.5x,\ z(0,\ y) = 0,\ z(1,\ y) = y$

【解】　x の区間 $[0,\ 1]$ の分割数を $n = 5$，y の区間 $[0,\ 0.5]$ の分割数を $m = 5$ とすれば，刻み幅は $h = 0.2$，$k = 0.1$ となる．このとき，分点は

$$x : x_0,\ x_1,\ x_2,\ x_3,\ x_4,\ x_5$$

$$y : y_0,\ y_1,\ y_2,\ y_3,\ y_4,\ y_5$$

である．また，$r = 0.5$ より，$q = r^2 = 0.25$，$p = -2(r^2 + 1) = -2.5$ である．

　次の図式の周囲の関数値は，境界条件より既知となる．

8.3 差分近似による数値解法　■　**147**

$$z(x_i,\ y_j)\ の値$$

$$
\begin{array}{ccccc}
& z_{1,5} & z_{2,5} & z_{3,5} & z_{4,5} \\
z_{0,4} & & & & z_{5,4} \\
z_{0,3} & & & & z_{5,3} \\
z_{0,2} & & & & z_{5,2} \\
z_{0,1} & & & & z_{5,1} \\
& z_{1,0} & z_{2,0} & z_{3,0} & z_{4,0}
\end{array}
$$

実際,

$$z_{1,5} = 0.1, \quad z_{2,5} = 0.2, \quad z_{3,5} = 0.3, \quad z_{4,5} = 0.4$$

$$
\begin{array}{ccccccc}
z_{0,4} = 0 & * & * & * & * & z_{5,4} = 0.4 \\
z_{0,3} = 0 & * & * & * & * & z_{5,3} = 0.3 \\
z_{0,2} = 0 & * & * & * & * & z_{5,2} = 0.2 \\
z_{0,1} = 0 & * & * & * & * & z_{5,1} = 0.1
\end{array}
$$

$$z_{1,0} = 0, \quad z_{2,0} = 0, \quad z_{3,0} = 0, \quad z_{4,0} = 0$$

である．未知のものは内部の 16 個の格子点での値である．

いま，$f(x,\ y) = 0$ だから，式 (8.13) の右辺は次のようになる．

$$^t[0, 0, 0, -0.1, 0, 0, 0, -0.2, 0, 0, 0, -0.3, -0.025, -0.05, -0.075, -0.5]$$

したがって，式 (8.13) の拡大係数行列は，次のようになる．

$$
\begin{bmatrix}
-2.5 & 1 & 0 & 0 & 0.25 & & & & & & & & 0 \\
1 & -2.5 & 1 & 0 & 0 & 0.25 & & & & & & & 0 \\
0 & 1 & -2.5 & 1 & 0 & 0 & 0.25 & & & & & & 0 \\
0 & 0 & 1 & -2.5 & 1 & 0 & 0 & 0.25 & & & & & -0.1 \\
0.25 & 0 & 0 & 0 & -2.5 & 1 & 0 & 0 & 0.25 & & & & 0 \\
& 0.25 & 0 & 0 & 1 & -2.5 & 1 & 0 & 0 & 0.25 & & & 0 \\
& & \ddots & & & & & & & \ddots & & & \vdots \\
& & 0.25 & 0 & 0 & 1 & -2.5 & 1 & 0 & 0 & 0.25 & 0 & 0 \\
& & & 0.25 & 0 & 0 & 1 & -2.5 & 0 & 0 & 0 & 0.25 & -0.3 \\
& & & & 0.25 & 0 & 0 & 0 & -2.5 & 1 & 0 & 0 & -0.025 \\
& & & & & 0.25 & 0 & 0 & 1 & -2.5 & 1 & 0 & -0.05 \\
& & & & & & 0.25 & 0 & 0 & 1 & -2.5 & 1 & -0.075 \\
& & & & & & & 0.25 & 0 & 0 & 1 & -2.5 & -0.5
\end{bmatrix}
$$

これを解くことにより，次の値が得られる．

$$z_{1,4} = 0.08000, \ z_{2,4} = 0.16000, \ z_{3,4} = 0.24000, \ z_{4,4} = 0.32000$$
$$z_{1,3} = 0.06000, \ z_{2,3} = 0.12000, \ z_{3,3} = 0.18000, \ z_{4,3} = 0.24000$$
$$z_{1,2} = 0.04000, \ z_{2,2} = 0.08000, \ z_{3,2} = 0.12000, \ z_{4,2} = 0.16000$$
$$z_{1,1} = 0.02000, \ z_{2,1} = 0.04000, \ z_{3,1} = 0.06000, \ z_{4,1} = 0.08000$$

148 ■ 第 8 章　偏微分方程式

▶▶▶　演習問題 8

8.1 次の波動方程式を【例題 8.1】にならって解け.

(1) $\dfrac{\partial^2 z}{\partial t^2} = 4\dfrac{\partial^2 z}{\partial x^2}, (0 \leqq x \leqq 1, 0 \leqq t)$

　　　　初期条件　$z(x,\ 0) = \sin(\pi x), z_t(x,\ 0) = 0$

　　　　境界条件　$z(0,\ t) = 0, z(1,\ t) = 0$

(2) $\dfrac{\partial^2 z}{\partial t^2} = 2\dfrac{\partial^2 z}{\partial x^2}\quad (0 \leqq x \leqq 4, 0 \leqq t)$

　　　　初期条件　$z(x,\ 0) = \begin{cases} 0.5x, & (0 \leqq x \leqq 2) \\ -0.5x + 2, & (2 \leqq x \leqq 4) \end{cases}$

　　　　　　　　　　$z_t(x,\ 0) = 0$

　　　　境界条件　$z(0,\ t) = 0, z(1,\ t) = 0$

8.2 次の熱伝導方程式をクランク・ニコルソン法で解け.

　　$\dfrac{\partial z}{\partial t} = \dfrac{\partial^2 z}{\partial x^2},\quad (0 \leqq x \leqq 2,\ t \geqq 0)$

　　初期条件　$z(x,\ 0) = \begin{cases} x, & (0 \leqq x \leqq 1) \\ -x + 2, & (1 \leqq x \leqq 2) \end{cases}$

　　境界条件　$z(0,\ t) = 0, z(2,\ t) = 0,\quad (t \geqq 0)$

8.3 ポアッソンの偏微分方程式において，$h = k$，$n = 4$，$m = 4$ の場合の式 (8.13) に相当する連立方程式を作れ.

8.4 次のラプラスの偏微分方程式を【例題 8.3】にならって解け.

　　$\dfrac{\partial^2 z}{\partial x^2} + \dfrac{\partial^2 z}{\partial y^2} = 0,\quad (0 \leqq x \leqq 1, 0 \leqq y \leqq 1)$

　　境界条件 : $z(x,\ 0) = 0, z(x,\ 1) = e^x \sin 1,$

　　　　　　　　$z(0,\ y) = \sin y, z(1,\ y) = e \sin y$

149

第**9**章　固有値問題

　数学における 2 次曲線の標準化や行列の対角化はもとより，物理学や工学の諸問題を解決するのに，行列の固有値を求める問題に帰着する場合も多い．この章で，固有値・固有ベクトルを求める方法として，一般の行列の一つの固有値を求める反復法と，実対称行列に対するヤコビ法について述べる．

9.1　固有値と固有ベクトル

正方行列 A に対して，

$$A\boldsymbol{x} = \lambda\boldsymbol{x}, \boldsymbol{x} \neq \boldsymbol{0} \tag{9.1}$$

を満たす数 λ とベクトル $\boldsymbol{x}$ が存在するとき，λ を A の固有値，$\boldsymbol{x}$ を固有値 λ に対応する A の固有ベクトルという．

　以下，取り扱う行列はすべて実正方行列として，行列 A の行列式を $|A|$ で表す．また，ベクトル $\boldsymbol{x}$ の長さ (大きさ) を $\|\boldsymbol{x}\|$ で表す．

【例題 9.1】　行列 $A = \begin{bmatrix} 4 & -1 \\ 2 & 1 \end{bmatrix}$ の固有値と固有ベクトルを求めよ．

【解】　$\boldsymbol{x} = \begin{bmatrix} x \\ y \end{bmatrix}$ とおく．$A\boldsymbol{x} = \lambda\boldsymbol{x}$ より，$\begin{bmatrix} 4 & -1 \\ 2 & 1 \end{bmatrix} \begin{bmatrix} x \\ y \end{bmatrix} = \lambda \begin{bmatrix} x \\ y \end{bmatrix}$，よって

$\begin{bmatrix} 4x - y \\ 2x + y \end{bmatrix} = \begin{bmatrix} \lambda x \\ \lambda y \end{bmatrix}$ となる．これより，次の連立方程式を得る．

$$\begin{cases} (4 - \lambda)x - y = 0 \\ 2x + (1 - \lambda)y = 0 \end{cases} \tag{9.2}$$

この連立方程式の係数行列を D とする．もし，$|D| \neq 0$ ならば，クラーメルの公式より，

$$x = \frac{\begin{vmatrix} 0 & -1 \\ 0 & 1 - \lambda \end{vmatrix}}{|D|} = 0, \quad y = \frac{\begin{vmatrix} 4 - \lambda & 0 \\ 2 & 0 \end{vmatrix}}{|D|} = 0$$

となり，$\boldsymbol{x} = \boldsymbol{0}$ となる．したがって，式 (9.2) を満たす $\boldsymbol{0}$ でないベクトル $\boldsymbol{x}$ が存在するためには，$|D| = 0$ でなければならない．ゆえに，

150 第 9 章 固有値問題

$$|D| = \begin{vmatrix} 4-\lambda & -1 \\ 2 & 1-\lambda \end{vmatrix} = (4-\lambda)(1-\lambda) + 2 = (\lambda-2)(\lambda-3) = 0$$

ゆえに，$\lambda = 2$，$\lambda = 3$．この値を式 (9.2) に代入して x，y の値を求める．

$\lambda = 2$ のとき，$\begin{cases} 2x - y = 0 \\ 2x - y = 0 \end{cases}$ $\qquad$ $\lambda = 3$ のとき，$\begin{cases} x - y = 0 \\ 2x - 2y = 0 \end{cases}$

$x = \alpha$ とおけば，$y = 2\alpha$． $\qquad\qquad$ $x = \alpha$ とおけば，$y = \alpha$．

したがって，α を 0 でない任意の実数として，

固有値 $\lambda = 2$，対応する固有ベクトル $\boldsymbol{x} = \alpha \begin{bmatrix} 1 \\ 2 \end{bmatrix}$，

固有値 $\lambda = 3$，対応する固有ベクトル $\boldsymbol{x} = \alpha \begin{bmatrix} 1 \\ 1 \end{bmatrix}$

この例でもわかるように，一つの固有値に対応する固有ベクトルは，一つとは限らず無数に多くある．

一般に，λ を A の固有値，$\boldsymbol{u}$ を λ に対応する一つの固有ベクトルとすれば，$k \neq 0$ が定数のとき，$A(k\boldsymbol{u}) = k(A\boldsymbol{u}) = h\lambda\boldsymbol{u} = \lambda(k\boldsymbol{u})$ だから，$k\boldsymbol{u}$ も λ に対応する固有ベクトルになる．

また，A をその固有ベクトル $\boldsymbol{u}$ に左から次々に掛けると，

$$A\boldsymbol{u} = \lambda\boldsymbol{u},$$
$$A^2\boldsymbol{u} = A(A\boldsymbol{u}) = A(\lambda\boldsymbol{u}) = \lambda A(\boldsymbol{u}) = \lambda^2\boldsymbol{u},$$
$$A^3\boldsymbol{u} = A(A^2\boldsymbol{u}) = A(\lambda^2\boldsymbol{u}) = \lambda^2 A\boldsymbol{u} = \lambda(\lambda\boldsymbol{u}) = \lambda^3\boldsymbol{u}$$

となり，一般に，$A^k\boldsymbol{u} = \lambda^k\boldsymbol{u}$ $(k = 1, 2, \cdots)$ が成り立つ．

次に，n 次の正方行列 A の固有値を求めることを考えよう．

$$A = \begin{bmatrix} a_{11} & a_{12} & \cdots & a_{1n} \\ a_{21} & a_{22} & \cdots & a_{2n} \\ \vdots & \vdots & \ddots & \vdots \\ a_{n1} & a_{n2} & \cdots & a_{nn} \end{bmatrix}, \quad \boldsymbol{x} = \begin{bmatrix} x_1 \\ x_2 \\ \vdots \\ x_n \end{bmatrix}$$

とおく．$A\boldsymbol{x} = \lambda\boldsymbol{x}$ より，

$$\begin{bmatrix} a_{11} & a_{12} & \cdots & a_{1n} \\ a_{21} & a_{22} & \cdots & a_{2n} \\ \vdots & \vdots & \ddots & \vdots \\ a_{n1} & a_{n2} & \cdots & a_{nn} \end{bmatrix} \begin{bmatrix} x_1 \\ x_2 \\ \vdots \\ x_n \end{bmatrix} = \lambda \begin{bmatrix} x_1 \\ x_2 \\ \vdots \\ x_n \end{bmatrix}$$

9.1 固有値と固有ベクトル ■ 151

したがって,

$$
\begin{cases}
a_{11}x_1 + a_{12}x_2 + \cdots + a_{1n}x_n = \lambda x_1 \\
a_{21}x_1 + a_{22}x_2 + \cdots + a_{2n}x_n = \lambda x_2 \\
\qquad\qquad\qquad \vdots \\
a_{n1}x_1 + a_{n2}x_2 + \cdots + a_{nn}x_n = \lambda x_n
\end{cases}
$$

となり,整理して,次のようになる.

$$
\begin{cases}
(a_{11} - \lambda)x_1 + \qquad a_{12}x_2 + \cdots + \qquad a_{1n}x_n = 0 \\
a_{21}x_1 + (a_{22} - \lambda)x_2 + \cdots + \qquad a_{2n}x_n = 0 \\
\qquad\qquad\qquad\qquad \vdots \\
a_{n1}x_1 + \qquad a_{n2}x_2 + \cdots + (a_{nn} - \lambda)x_n = 0
\end{cases} \tag{9.3}
$$

この連立方程式の係数行列 D の行列式 $|D| \neq 0$ ならば,前の【例題 9.1】のときと同様に,$x_1, x_2, \cdots, x_n$ がすべて 0 になり,$\boldsymbol{x} = \boldsymbol{0}$ となる.したがって,$\boldsymbol{0}$ でない $\boldsymbol{x}$ が存在するためには,$|D| = 0$ でなければならない.すなわち,

$$
\begin{vmatrix}
(a_{11} - \lambda) & a_{12} & \cdots & a_{1n} \\
a_{21} & (a_{22} - \lambda) & \cdots & a_{2n} \\
\vdots & \vdots & \ddots & \vdots \\
a_{n1} & a_{n2} & \cdots & (a_{nn} - \lambda)
\end{vmatrix} = 0 \tag{9.4}
$$

となる.

式 (9.4) の左辺を展開すれば λ に関する n 次式となる.これを A の固有多項式という.また,式 (9.4) を行列 A の固有方程式という.A の固有値は固有方程式の解である.なお,n 次の単位行列を E とすれば,式 (9.4) は簡潔に次のように書ける.

$$|A - \lambda E| = 0$$

固有値 λ が得られたら,式 (9.3) に代入し,【例題 9.1】のようにして $x_1, x_2, \cdots, x_n$ を求めればよい.このとき,式 (9.3) のいくつかの等式は残りの等式から導かれるようになるので,そのような等式は省いて考えればよい.

【例題 9.2】 行列 $A = \begin{bmatrix} 1 & 2 & 1 \\ 3 & -1 & 0 \\ -1 & 1 & 2 \end{bmatrix}$ の固有値,固有ベクトルを求めよ.

【解】 固有方程式は

$$\begin{vmatrix} 1-\lambda & 2 & 1 \\ 3 & -1-\lambda & 0 \\ -1 & 1 & 2-\lambda \end{vmatrix} = 0$$

左辺を展開すると,

$$(1-\lambda)(-1-\lambda)(2-\lambda) + 3 + (-1-\lambda) - 6(2-\lambda) = 0$$

$$\therefore \quad (\lambda-2)(\lambda^2-6) = 0$$

したがって,固有値は $\lambda = 2$,$\lambda = \pm\sqrt{6}$ である.

固有ベクトルを求める方程式は,

$$\begin{cases} (1-\lambda)x + & 2y + & z = 0 \\ 3x + (-1-\lambda)y & = 0 \\ -x + & y + (2-\lambda)z = 0 \end{cases}$$

である.

$\lambda = 2$ のとき, $\begin{cases} -x + 2y + z = 0 \\ 3x - 3y = 0 \\ -x + y = 0 \end{cases}$,

$\lambda = \sqrt{6}$ のとき, $\begin{cases} (1-\sqrt{6})x + 2y + z = 0 \\ 3x - (1+\sqrt{6})y = 0 \\ -x + y + (2-\sqrt{6})z = 0 \end{cases}$

これを解けば,$\alpha \neq 0$ を任意定数として,

$\lambda = 2$ のとき, $\boldsymbol{x} = \begin{bmatrix} \alpha \\ \alpha \\ -\alpha \end{bmatrix} = \alpha \begin{bmatrix} 1 \\ 1 \\ -1 \end{bmatrix}$, $\lambda = \sqrt{6}$ のとき, $\boldsymbol{x} = \alpha \begin{bmatrix} 1+\sqrt{6} \\ 3 \\ -1 \end{bmatrix}$

同様にして,$\lambda = -\sqrt{6}$ のとき,$\boldsymbol{x} = \alpha \begin{bmatrix} 1-\sqrt{6} \\ 3 \\ -1 \end{bmatrix}$ が得られる.

いままで行列の固有値について述べてきたが,固有値がどのようなところで使われるか,その効用の例として,行列のべき乗の計算の例をあげておこう.

【例題 9.3】 市場に車は S 社と T 社のものしかなく,車の総数は変わらないものとする.一定期間が経つと,車の所有者の乗り換えの際の購入傾向は,次のように推移していくという.

　S 社の車の所有者は,90%は S 社の車,10%は T 社の車に,

　T 社の車の所有者は,40%は S 社の車,60%は T 社の車に,

それぞれ買い換える.

9.1 固有値と固有ベクトル ■ **153**

この買い換えが繰り返されるとき，両社のシェアは最終的にどのようになるか．

【解】 S 社と T 社の初めの車の所有者数を s_0, t_0，一定期間が 1 回経過した後の S 社と T 社の車の所有者数を s_1, t_1 とすれば，

$$\begin{cases} s_1 = 0.9s_0 + 0.4t_0 \\ t_1 = 0.1s_0 + 0.6t_0 \end{cases} \quad 行列の記法で表すと，\quad \begin{bmatrix} s_1 \\ t_1 \end{bmatrix} = \begin{bmatrix} 0.9 & 0.4 \\ 0.1 & 0.6 \end{bmatrix} \begin{bmatrix} s_0 \\ t_0 \end{bmatrix}$$

となる．一定期間が n 回経過した後の S 社と T 社の車の所有者数を s_n, t_n とすれば，

$$\begin{bmatrix} s_2 \\ t_2 \end{bmatrix} = \begin{bmatrix} 0.9 & 0.4 \\ 0.1 & 0.6 \end{bmatrix}^2 \begin{bmatrix} s_0 \\ t_0 \end{bmatrix}, \quad 一般に，\quad \begin{bmatrix} s_n \\ t_n \end{bmatrix} = \begin{bmatrix} 0.9 & 0.4 \\ 0.1 & 0.6 \end{bmatrix}^n \begin{bmatrix} s_0 \\ t_0 \end{bmatrix}$$

となる．

さて，ここで問題は右辺の n 乗の部分の計算であるが，これは行列の対角化を利用すれば簡単に求められる．

$A = \begin{bmatrix} 0.9 & 0.4 \\ 0.1 & 0.6 \end{bmatrix}$ とおき，まず，A の固有値と固有ベクトルを求める．

固有方程式は，$(0.9 - \lambda)(0.6 - \lambda) - 0.04 = 0$. $\quad\quad \therefore \quad \lambda^2 - 1.5\lambda + 0.5 = 0$

$\quad \therefore \quad (\lambda - 1)(\lambda - 0.5) = 0$. $\quad\quad \therefore \quad \lambda = 1, \ 0.5$.

固有ベクトルは，$\lambda = 1$ のとき $\begin{bmatrix} 4 \\ 1 \end{bmatrix}$，$\lambda = 0.5$ のとき $\begin{bmatrix} 1 \\ -1 \end{bmatrix}$.

したがって，対角化への変換の行列を P とすれば，$A = P \begin{bmatrix} 1 & 0 \\ 0 & 0.5 \end{bmatrix} P^{-1}$ と書ける．ここに，

$$P = \begin{bmatrix} 4 & 1 \\ 1 & -1 \end{bmatrix}, \quad P^{-1} = \frac{1}{5}\begin{bmatrix} 1 & 1 \\ 1 & -4 \end{bmatrix}, \quad \left(Q = \begin{bmatrix} 1 & 0 \\ 0 & 0.5 \end{bmatrix} とおく \right)$$

である．したがって，$A^2 = (PQP^{-1})(PQP^{-1}) = PQ(P^{-1}P)QP^{-1} = PQ^2P^{-1}$. 同様に，$A^3 = PQ^3P^{-1}$，一般に $A^n = PQ^nP^{-1}$ となるから，

$$A^n = P \begin{bmatrix} 1 & 0 \\ 0 & 0.5 \end{bmatrix}^n P^{-1} = \frac{1}{5}\begin{bmatrix} 4 & 1 \\ 1 & -1 \end{bmatrix}\begin{bmatrix} 1 & 0 \\ 0 & 0.5^n \end{bmatrix}\begin{bmatrix} 1 & 1 \\ 1 & -4 \end{bmatrix}$$

$$\to \frac{1}{5}\begin{bmatrix} 4 & 1 \\ 1 & -1 \end{bmatrix}\begin{bmatrix} 1 & 0 \\ 0 & 0 \end{bmatrix}\begin{bmatrix} 1 & 1 \\ 1 & -4 \end{bmatrix} = \frac{1}{5}\begin{bmatrix} 4 & 4 \\ 1 & 1 \end{bmatrix}$$

となる．ゆえに，年月が経つと，すなわち，n が大きくなると $(n \to \infty)$，

$$\begin{bmatrix} s_n \\ t_n \end{bmatrix} \to \frac{1}{5}\begin{bmatrix} 4 & 4 \\ 1 & 1 \end{bmatrix}\begin{bmatrix} s_0 \\ t_0 \end{bmatrix} = \frac{1}{5}\begin{bmatrix} 4(s_0 + t_0) \\ s_0 + t_0 \end{bmatrix}$$

に収束していく．これより，S 社と T 社の所有者数の比 $s_n : t_n$ は，4 : 1 に近づいていくことがわかる．

154 ■ 第 9 章 固有値問題

9.2 べき乗法

固有値，固有ベクトルは，行列の次数が高くなると，実際に求めるのは容易ではない．この節では，一つの固有値を反復法によって求める方法について考えよう．

A を n 次の正方行列，$\boldsymbol{x}_0 \neq \boldsymbol{0}$ を任意の n 次列ベクトルとする．ある番号 k に対して，$A^k \boldsymbol{x}_0 \neq \boldsymbol{0}$，$A^{k+1} \boldsymbol{x}_0 = \boldsymbol{0}$ となるような場合は，0 が A の固有値であり，$A^k \boldsymbol{x}_0$ はそれに対応する固有ベクトルである．以下，このような場合を省くことにする．このときは，$\boldsymbol{x}_0$ から，

$$\boldsymbol{x}_1 = \frac{A\boldsymbol{x}_0}{\|A\boldsymbol{x}_0\|}, \quad \boldsymbol{x}_2 = \frac{A\boldsymbol{x}_1}{\|A\boldsymbol{x}_1\|}, \quad \boldsymbol{x}_3 = \frac{A\boldsymbol{x}_2}{\|A\boldsymbol{x}_2\|}, \cdots \tag{9.5}$$

によって，単位ベクトルの列 $\{\boldsymbol{x}_k\}$ を定めることができる．これらのベクトル $\boldsymbol{x}_k$，$A\boldsymbol{x}_k$ の第 j 成分をそれぞれ x_{kj}，$(A\boldsymbol{x}_k)_j$，$(j = 1, 2, \cdots, n)$ で表す．

また，この反復によって，$\boldsymbol{x}_k$ の成分のうち 0 に収束するものがあるときは，その成分番号の集合を $J(\boldsymbol{x}_0)$ で表す．すなわち，

$$J(\boldsymbol{x}_0) = \{j \mid \lim_{k \to \infty} x_{kj} = 0\}$$

となる．明らかに，$J(\boldsymbol{x}_0) = \{1, 2, \cdots, n\}$ となることはない．

さて，式 (9.5) のように，A を繰り返し乗じることによって，A の固有値を求めるべき乗法について以下に述べる．

■ ポイント 9.1　固有値を求めるべき乗法の原理

(a)　適当な $\boldsymbol{x}_0$ から式 (9.5) によってベクトルの列 $\{\boldsymbol{x}_k\}$ を作る．

$j \notin J(\boldsymbol{x}_0)$ なるすべての成分番号 j に対して，$\displaystyle\lim_{k \to \infty} \frac{(A\boldsymbol{x}_k)_j}{x_{kj}} = \lambda$ が成り立つならば，λ は A の固有値である．

さらに，$\boldsymbol{x}_1$, $\boldsymbol{x}_2$, $\boldsymbol{x}_3$, $\cdots$ があるベクトル $\boldsymbol{u}$ に収束するならば，$\boldsymbol{u}$ は λ に対応する A の固有ベクトルである．

(b)　A の固有値 $\{\lambda_i\}$ がすべて異なり，かつ，

$$\lambda_1 > |\lambda_i| \quad (i = 2, 3, \cdots, n)$$

ならば，$\boldsymbol{x}_0$ を適当に選べば，$k \to \infty$ のとき，$\{\boldsymbol{x}_k\}$ は λ_1 に対応する A の長さ 1 の固有ベクトルに収束し，次式が成り立つ．

$$\lim_{k \to \infty} \frac{(A\boldsymbol{x}_k)_j}{x_{kj}} = \lambda_1 \quad (j \notin J(\boldsymbol{x}_0))$$

【証明】　(a) について．

$j \notin J = J(\boldsymbol{x}_0)$ のとき, $\varepsilon_{kj} = \dfrac{(A\boldsymbol{x}_k)_j}{x_{kj}} - \lambda$ とおけば, $(A\boldsymbol{x}_k)_j - \lambda x_{kj} = \varepsilon_{kj}x_{kj}$, かつ $k \to \infty$ のとき, $\varepsilon_{kj} \to 0$ となる.

また, $j \in J$ のとき, $x_{kj} \to 0$. さらに, $(A\boldsymbol{x}_k)_j = \|A\boldsymbol{x}_k\|x_{k+1,\,j} \to 0$. したがって, 各 j について, $(A\boldsymbol{x}_k)_j - \lambda x_{kj} \to 0$ となる. ゆえに, $\boldsymbol{y}_k = A\boldsymbol{x}_k - \lambda \boldsymbol{x}_k$ とおくと,

$$\boldsymbol{y}_k = A\boldsymbol{x}_k - \lambda\boldsymbol{x}_k \to \boldsymbol{0} \quad (k \to \infty)$$

となる.

さらに, $(A - \lambda E)\boldsymbol{x}_k = \boldsymbol{y}_k \to \boldsymbol{0}$, かつ, $\|\boldsymbol{x}_k\| = 1$ であることより, $|A - \lambda E| = 0$ である. なぜなら, $|A - \lambda E| \neq 0$ とすれば, $A - \lambda E$ は逆行列をもつから, $\boldsymbol{x}_k = (A - \lambda E)^{-1}\boldsymbol{y}_k \to \boldsymbol{0}$. これは, $\|\boldsymbol{x}_k\| = 1$ に反する. したがって, λ は行列 A の固有値である.

また, (a) の後半については, $(A - \lambda E)\boldsymbol{x}_k = \boldsymbol{y}_k \to \boldsymbol{0}$ かつ, 仮定より, $\boldsymbol{x}_k \to \boldsymbol{u}$ ($\boldsymbol{u}$ は単位ベクトル) だから, $(A - \lambda E)\boldsymbol{u} = \boldsymbol{0}$. ゆえに, $A\boldsymbol{u} = \lambda\boldsymbol{u}$. したがって, $\boldsymbol{u}$ は固有値 λ に対応する固有ベクトルである.

(b) について.

A の固有値 $\lambda_1, \lambda_2, \cdots, \lambda_n$ に対応する固有単位ベクトルをそれぞれ $\boldsymbol{u}_1, \boldsymbol{u}_2, \cdots, \boldsymbol{u}_n$ とする. 固有値はすべて異なるから, ベクトル $\boldsymbol{x}_0$ は次のようにこれらの固有ベクトルの一次結合で表される.

$$\boldsymbol{x}_0 = a_1\boldsymbol{u}_1 + a_2\boldsymbol{u}_2 + \cdots + a_n\boldsymbol{u}_n$$

ここで, $\boldsymbol{x}_0$ として $a_1 > 0$ なるものをとる.

前に注意したように, $A^k\boldsymbol{u}_j = \lambda_j{}^k\boldsymbol{u}_j (j = 1, 2, \cdots, n)$ が成り立つから,

$$\begin{aligned}
A^k\boldsymbol{x}_0 &= A^k(a_1\boldsymbol{u}_1 + a_2\boldsymbol{u}_2 + \cdots + a_n\boldsymbol{u}_n) \\
&= a_1 A^k\boldsymbol{u}_1 + a_2 A^k\boldsymbol{u}_2 + \cdots + a_n A^k\boldsymbol{u}_n \\
&= a_1\lambda_1{}^k\boldsymbol{u}_1 + a_2\lambda_2{}^k\boldsymbol{u}_2 + \cdots + a_n\lambda_n{}^k\boldsymbol{u}_n
\end{aligned}$$

となる. ここで, $\boldsymbol{x}_k = \dfrac{A\boldsymbol{x}_{k-1}}{\|A\boldsymbol{x}_{k-1}\|} = \dfrac{A^k\boldsymbol{x}_0}{\|A^k\boldsymbol{x}_0\|}$ に注意すれば,

$$\begin{aligned}
\boldsymbol{x}_k &= \frac{A^k\boldsymbol{x}_0}{\|A^k\boldsymbol{x}_0\|} = \frac{a_1\lambda_1{}^k\boldsymbol{u}_1 + a_2\lambda_2{}^k\boldsymbol{u}_2 + \cdots + a_n\lambda_n{}^k\boldsymbol{u}_n}{\|a_1\lambda_1{}^k\boldsymbol{u}_1 + a_2\lambda_2{}^k\boldsymbol{u}_2 + \cdots + a_n\lambda_n{}^k\boldsymbol{u}_n\|} \\[2mm]
&= \frac{a_1\boldsymbol{u}_1 + a_2\left(\dfrac{\lambda_2}{\lambda_1}\right)^k\boldsymbol{u}_2 + \cdots + a_n\left(\dfrac{\lambda_n{}^k}{\lambda_1}\right)^k\boldsymbol{u}_n}{\left\|a_1\boldsymbol{u}_1 + a_2\left(\dfrac{\lambda_2}{\lambda_1}\right)^k\boldsymbol{u}_2 + \cdots + a_n\left(\dfrac{\lambda_n}{\lambda_1}\right)^k\boldsymbol{u}_n\right\|}
\end{aligned}$$

となる. $\lambda_1 > |\lambda_i| (i = 2, 3, \cdots, n)$ だから, $\left|\dfrac{\lambda_i}{\lambda_1}\right| < 1$ であり, $\displaystyle\lim_{k \to \infty}\left(\dfrac{\lambda_i}{\lambda_1}\right)^k = 0$ とな

る．したがって，

$$\lim_{k\to\infty} \boldsymbol{x}_k = \frac{a_1\boldsymbol{u}_1}{\|a_1\boldsymbol{u}_1\|} = \boldsymbol{u}_1$$

を得る．すなわち，$\boldsymbol{x}_k$ は λ_1 に対応する A の固有単位ベクトル $\boldsymbol{u}_1$ に収束する．

また，(b) の後半については，

$$\boldsymbol{x}_k = \frac{1}{\|A^k\boldsymbol{x}_0\|}(a_1\lambda_1{}^k\boldsymbol{u}_1 + a_2\lambda_2{}^k\boldsymbol{u}_2 + \cdots + a_n\lambda_n{}^k\boldsymbol{u}_n)$$

$$A\boldsymbol{x}_k = \frac{1}{\|A^k\boldsymbol{x}_0\|}(a_1\lambda_1{}^{k+1}\boldsymbol{u}_1 + a_2\lambda_2{}^{k+1}\boldsymbol{u}_2 + \cdots + a_n\lambda_n{}^{k+1}\boldsymbol{u}_n)$$

となる．したがって，$A\boldsymbol{x}_k$ と $\boldsymbol{x}_k$ の第 j 成分 $(j \notin J)$ の比は，

$$\frac{(A\boldsymbol{x}_k)_j}{x_{kj}} = \frac{a_1\lambda_1{}^{k+1}u_{1j} + a_2\lambda_2{}^{k+1}u_{2j} + \cdots + a_n\lambda_n{}^{k+1}u_{nj}}{a_1\lambda_1{}^k u_{1j} + a_2\lambda_2{}^k u_{2j} + \cdots + a_n\lambda_n{}^k u_{nj}}$$

$$= \frac{a_1\lambda_1 u_{1j} + a_2\lambda_2\left(\dfrac{\lambda_2}{\lambda_1}\right)^k u_{2j} + \cdots + a_n\lambda_n\left(\dfrac{\lambda_n}{\lambda_1}\right)^k u_{nj}}{a_1 u_{1j} + a_2\left(\dfrac{\lambda_2}{\lambda_1}\right)^k u_{2j} + \cdots + a_n\left(\dfrac{\lambda_n}{\lambda_1}\right)^k u_{nj}} \qquad (9.6)$$

と書き換えられる．いま，$j \notin J$ だから，$0 \neq \lim_{k\to\infty} x_{kj} = u_{1j}$，ゆえに，$a_1 u_{1j} \neq 0$．したがって，次の等式が成り立つ．

$$\lim_{k\to\infty} \frac{(A\boldsymbol{x}_k)_j}{x_{kj}} = \lambda_1 \quad (j \notin J)$$

【注意】　上の (b) においては，次の二つの条件

(1)　固有値がすべて異なる．(2)　$\lambda_1 > |\lambda_i| \quad (i = 2, 3, \cdots, n)$

を前提にしたが，(1) の条件は証明を簡単にするためであり，実際にはまだ弱められる（文献 [5] 参照）．

(2) については，$\lambda_1 < -|\lambda_i| (i = 2, 3, \cdots, n)$ が成り立つときは，$-A\boldsymbol{u} = -\lambda\boldsymbol{u}$ に注意すれば，$-A$ の固有値は $-\lambda_i \quad (i = 1, 2, \cdots, n)$ で，固有ベクトルは同じ $\boldsymbol{u}$ である．このとき，$-\lambda_1 > |\lambda_i| \quad (i = 2, 3, \cdots, n)$ が成り立つから，$-A$ について上のことを行うことにより，A の固有値と固有ベクトルが得られる．

上のべき乗法の原理 (a) より，次の固有値の計算法が成り立つ．

式 (9.5) によってベクトルの列 $\{\boldsymbol{x}_k\}$ を作っていくとき，$A\boldsymbol{x}_k$ と $\boldsymbol{x}_k$ の対応する成分の比がどの j 成分についてもほとんど等しくなってきたら，反復を止める．そのときの比の値が固有値の近似値である．また，そのときのベクトル $\boldsymbol{x}_n$ がほとんど変化しなくなってきたら，このベクトル $\boldsymbol{x}_n$ を固有ベクトルの近似ベクトルと考える．

9.2 べき乗法 ■ 157

【例題 9.4】 行列 $A = \begin{bmatrix} 1 & 2 & -1 \\ 2 & 3 & 1 \\ 1 & 2 & 1 \end{bmatrix}$ の固有値, 固有ベクトルをべき乗法で求めよ.

【解】 初期ベクトルとして, $\boldsymbol{x}_0 = {}^t[1,\ 1,\ 1]$ をとると,

$$A\boldsymbol{x}_0 = \begin{bmatrix} 1 & 2 & -1 \\ 2 & 3 & 1 \\ 1 & 2 & 1 \end{bmatrix} \begin{bmatrix} 1 \\ 1 \\ 1 \end{bmatrix} = \begin{bmatrix} 2 \\ 6 \\ 4 \end{bmatrix}, \qquad \boldsymbol{x}_1 = \begin{bmatrix} 0.267261 \\ 0.801784 \\ 0.534522 \end{bmatrix}$$

$$A\boldsymbol{x}_1 = \begin{bmatrix} 1 & 2 & -1 \\ 2 & 3 & 1 \\ 1 & 2 & 1 \end{bmatrix} \begin{bmatrix} 0.267261 \\ 0.801784 \\ 0.534522 \end{bmatrix} = \begin{bmatrix} 1.336307 \\ 3.474396 \\ 2.405351 \end{bmatrix}, \quad \boldsymbol{x}_2 = \begin{bmatrix} 0.301512 \\ 0.783929 \\ 0.542720 \end{bmatrix}$$

$$A\boldsymbol{x}_2 = \begin{bmatrix} 1 & 2 & -1 \\ 2 & 3 & 1 \\ 1 & 2 & 1 \end{bmatrix} \begin{bmatrix} 0.301512 \\ 0.783929 \\ 0.542720 \end{bmatrix} = \begin{bmatrix} 1.326648 \\ 3.497531 \\ 2.412090 \end{bmatrix}, \quad \boldsymbol{x}_3 = \begin{bmatrix} 0.298060 \\ 0.785795 \\ 0.541928 \end{bmatrix}$$

$$A\boldsymbol{x}_3 = \begin{bmatrix} 1 & 2 & -1 \\ 2 & 3 & 1 \\ 1 & 2 & 1 \end{bmatrix} \begin{bmatrix} 0.298060 \\ 0.785795 \\ 0.541928 \end{bmatrix} = \begin{bmatrix} 1.327722 \\ 3.495433 \\ 2.411578 \end{bmatrix}, \quad \boldsymbol{x}_4 = \begin{bmatrix} 0.298409 \\ 0.785607 \\ 0.542008 \end{bmatrix}$$

$$A\boldsymbol{x}_4 = \begin{bmatrix} 1 & 2 & -1 \\ 2 & 3 & 1 \\ 1 & 2 & 1 \end{bmatrix} \begin{bmatrix} 0.298409 \\ 0.785607 \\ 0.542008 \end{bmatrix} = \begin{bmatrix} 1.327615 \\ 3.495647 \\ 2.411631 \end{bmatrix}, \quad \boldsymbol{x}_5 = \begin{bmatrix} 0.298374 \\ 0.785626 \\ 0.542000 \end{bmatrix}$$

$$A\boldsymbol{x}_5 = \begin{bmatrix} 1 & 2 & -1 \\ 2 & 3 & 1 \\ 1 & 2 & 1 \end{bmatrix} \begin{bmatrix} 0.298374 \\ 0.785626 \\ 0.542000 \end{bmatrix} = \begin{bmatrix} 1.327626 \\ 3.495626 \\ 2.411626 \end{bmatrix}, \quad \boldsymbol{x}_6 = \begin{bmatrix} 0.298377 \\ 0.785625 \\ 0.542000 \end{bmatrix}$$

$A\boldsymbol{x}_5$ と $\boldsymbol{x}_5$ の各成分の比 $= \begin{bmatrix} 4.449536 \\ 4.449479 \\ 4.449494 \end{bmatrix}$

$$A\boldsymbol{x}_6 = \begin{bmatrix} 1 & 2 & -1 \\ 2 & 3 & 1 \\ 1 & 2 & 1 \end{bmatrix} \begin{bmatrix} 0.298377 \\ 0.785625 \\ 0.542000 \end{bmatrix} = \begin{bmatrix} 1.327629 \\ 3.495632 \\ 2.411629 \end{bmatrix}, \quad \boldsymbol{x}_7 = \begin{bmatrix} 0.298378 \\ 0.785625 \\ 0.542000 \end{bmatrix}$$

$A\boldsymbol{x}_6$ と $\boldsymbol{x}_6$ の各成分の比 $= \begin{bmatrix} 4.449502 \\ 4.449492 \\ 4.449494 \end{bmatrix}$

158 ■ 第9章　固有値問題

$$A\boldsymbol{x}_7 = \begin{bmatrix} 1 & 2 & -1 \\ 2 & 3 & 1 \\ 1 & 2 & 1 \end{bmatrix} \begin{bmatrix} 0.298378 \\ 0.785625 \\ 0.542000 \end{bmatrix} = \begin{bmatrix} 1.327628 \\ 3.495631 \\ 2.411628 \end{bmatrix}, \quad \boldsymbol{x}_8 = \begin{bmatrix} 0.298377 \\ 0.785625 \\ 0.542000 \end{bmatrix}$$

$$A\boldsymbol{x}_7 \text{ と } \boldsymbol{x}_7 \text{ の各成分の比} = \begin{bmatrix} 4.449483 \\ 4.449490 \\ 4.449498 \end{bmatrix}$$

これでほぼ収束したとみると，べき乗法の原理より，固有値の近似値として 4.44949 が得られる．また，固有単位ベクトルとして $\begin{bmatrix} 0.298377 \\ 0.785625 \\ 0.542000 \end{bmatrix}$ が得られる．

なお，これに対する真の固有値は $2 + \sqrt{6} = 4.4494897\cdots$，固有ベクトルは $\alpha \begin{bmatrix} 3 \\ 3 + 2\sqrt{6} \\ 3 + \sqrt{6} \end{bmatrix}$ $(\alpha \neq 0 : 任意)$ で，単位ベクトルは $\begin{bmatrix} 0.298377\cdots \\ 0.785624\cdots \\ 0.542000\cdots \end{bmatrix}$ である．

次に，反復法によって一つの固有値を求めるプログラム 9.1 をあげておく．

プログラム 9.1

```
1  /****************************************************/
2  /*      反 復 法 に よ っ て 一 つ の 固 有 値 を 求 め る プ ロ グ ラ ム     */
3  /*                                      hanpuku.c      */
4  /****************************************************/
5  #include <stdio.h>
6  #include <math.h>
7  #define     N        10
8  int main(void)
9  {    int     i, j, m, n, k, ff;
10      static double  min, max, s, w, f1, a[N][N], x[N];
11      static double  ax[N], e[N], f[N];
12      char    z, zz;
13      /* a[][]:入力行列 x[]:固有ベクトル e[]:固有値 */
14      while( 1 ){
15          printf("反復法によって固有値を一つ求めます．\n");
16          printf("\n 行列の次数は．(1<n<10) n= ");
17          scanf("%d%c",&n,&zz);   printf("\n");
18          if((n <= 1) || (10 <= n))    continue;
19          for(i=1; i<=n; i++) {
20              for(j=1; j<=n; j++) {
21                  printf("a( %1d , %1d ) = ",i,j);
22                  scanf("%lf%c",&a[i][j],&zz);
23              }
24              printf("\n");
25          }
```

```c
26          printf("\n正しく入力しましたか？(y/n) ");
27          scanf("%c%c",&z,&zz);
28      if(z == 'y')    break;
29    }
30    for(i=1; i<=n; i++)    x[i] = 1.0;
31    ff = 100;
32    while( 1 ){
33        for(m=1;  m<=100;  m++){
34            for(i=1; i<=n; i++){
35                s = 0.0;
36                for(j=1; j<=n; j++)  s += a[i][j]*x[j];
37                ax[i] = s;
38            }
39            for(j=1; j<=n; j++) {
40                if(fabs(x[j])>1.0e-6)   e[j]=ax[j]/x[j];
41            }
42            for(j=1; j<=n-1; j++){
43                if(fabs(e[j]-e[j+1])<1.0e-6)   f[j]=1.0;
44            }
45            if(fabs(e[n]-e[1])<1.0e-6)   f[n] = 1.0;
46            f1 = 1.0;
47            for(i=1; i<=n; i++)    f1 = f1 * f[i];
48            if(f1 == 1.0)    break;
49            s = 0.0;
50            for(k=1; k<=n; k++)   s += ax[k] * ax[k];
51            w = sqrt(s);
52            for(i=1; i<=n; i++)   x[i] = ax[i] / w;
53        }
54        if(ff == 1)   e[1] += 1.0;
55        if(f1 == 1.0){
56            printf("一つの固有値  %10.6lf",e[1]);
57            printf("（反復数 %2d 回）\n",m);
58            break;
59        }else
60            printf("反復回数 %3d回で収束しません．\n",m);
61        if(ff == 1)    return(-1);
62        printf("対角成分を少しずらしてさらに反復します．\n");
63        printf("エンターキーを押してください．\n\n");
64        scanf("%c",&zz);
65        for(i=1; i<=n; i++)   a[i][i] = a[i][i] - 1.0;
66        ff = 1;
67    }
68    /***   固有ベクトルの成分の最大値を求める   ***/
69    max = 0.0;
70    for(i=1; i<=n; i++){
71        if(max < fabs(x[i]))   max = fabs(x[i]);
72    }
73    if(max == 0.0){
74        printf("\n固有ベクトルは求められません．\n");
```

160 ■ 第9章 固有値問題

```
75      return(-1);
76    }
77    /***  固有ベクトルの成分の最小値を求める ***/
78    min = max;
79    for(i=1; i<=n; i++){
80        if(fabs(x[i]) == 0 )   continue;
81        if(min > fabs(x[i]))   min = fabs(x[i]);
82    }
83    printf("\n対応する一つの固有ベクトル\n");
84    for(i=1; i<=n; i++){
85        x[i] = x[i] / min;
86        printf("      %10.6lf\n",x[i]);
87    }
88    return 0;
89 }
```

9.3　ヤコビ法

　理工学の問題では対称行列の固有値問題がよく現れる．このときは，これから述べるヤコビの方法が有用である．

　まず，対称行列，直交行列の基本事項について述べておこう．

　n 次の正方行列 P が $^tP = P$ を満たすとき，P を**対称行列**という．また，$^tPP = E$（単位行列），すなわち，$^tP = P^{-1}$ を満たすとき，P を**直交行列**という．

(a)　A を対称行列とすれば，行列 B に対して ^tBAB は対称行列である．

(b)　直交行列の積は直交行列である．

(c)　P を直交行列とするとき，行列 A と行列 ^tPAP の固有値は一致する．

　　実際，λ を A の固有値，$\boldsymbol{u}$ を λ に対応する A の固有ベクトルとする．$^tPP = E$ と $A\boldsymbol{u} = \lambda\boldsymbol{u}$ に注意すれば，$(^tPAP)(^tP\boldsymbol{u}) = {}^tPA\boldsymbol{u} = {}^tP\lambda\boldsymbol{u} = \lambda {}^tP\boldsymbol{u}$．したがって，$\lambda$ と $^tP\boldsymbol{u}$ は ^tPAP の固有値と固有ベクトルである．逆に，λ と $\boldsymbol{v}$ が ^tPAP の固有値と固有ベクトルとすれば，λ と $P\boldsymbol{v}$ は A の固有値と固有ベクトルであることも同様にしてわかる．したがって，A と ^tPAP の固有値は一致する．

(d)　次のようにして作られた n 次の正方行列 P は直交行列である．

　　θ を任意の実数とし，$s = \sin\theta$，$c = \cos\theta$ とおく．$1 \leqq p < q \leqq n$ として，n 次の単位行列の (p, p) 成分および (q, q) 成分を c に，(p, q) 成分を $-s$ に，(q, p) 成分を s に，それぞれ置き換えてできる行列．

$$P = \begin{bmatrix} 1 & 0 & & & & \mathbf{0} \\ 0 & 1 & & & & \\ & & c & \cdots & -s & \\ & & \vdots & & \vdots & \\ & & s & \cdots & c & \\ \mathbf{0} & & & & & 1 \end{bmatrix} \begin{array}{l} \\ \\ \longleftarrow p\ \text{行} \\ \\ \longleftarrow q\ \text{行} \\ \\ \end{array}$$

$$\begin{array}{cc} \uparrow & \uparrow \\ p & q \\ \text{列} & \text{列} \end{array}$$

(e) 対称行列 A は適当な直交行列 P をとれば,

$$^t PAP = \begin{bmatrix} \lambda_1 & 0 & \cdots & 0 \\ 0 & \lambda_2 & \cdots & 0 \\ \vdots & \vdots & \ddots & \vdots \\ 0 & 0 & \cdots & \lambda_n \end{bmatrix} \tag{9.7}$$

の形に書ける. このとき, $\lambda_1, \lambda_2, \cdots, \lambda_n$ は A の固有値であり, 行列 P の第 j 列は λ_j に対応する固有ベクトルになっている.

(f) A を対称行列, P を (d) によって作った行列とする. $A_1 = {}^t PAP$ とおき, その成分を $A = (a_{ij})$, $A_1 = (a_{ij}{}^{(1)})$ とすれば, これらの成分の間には次の関係が成り立つ.

$$a_{pp}{}^{(1)} = a_{pp}c^2 + 2a_{pq}sc + a_{qq}s^2$$
$$a_{pq}{}^{(1)} = a_{qp}{}^{(1)} = a_{pq}(c^2 - s^2) - (a_{pp} - a_{qq})sc$$
$$a_{qq}{}^{(1)} = a_{pp}s^2 - 2a_{pq}sc + a_{qq}c^2$$
$$a_{pj}{}^{(1)} = a_{jp}{}^{(1)} = a_{pj}c + a_{qj}s \quad (j \neq p,\ j \neq q)$$
$$a_{qj}{}^{(1)} = a_{jq}{}^{(1)} = -a_{pj}s + a_{qj}c \quad (j \neq p,\ j \neq q)$$

他の成分は不変.

以上の準備のもとに, 本題のヤコビ (Jacobi) 法について述べよう.

対称行列 A の固有値, 固有ベクトルを求めるには, (e) で述べたように式 (9.7) を満たす直交行列 P を求めればよい. しかし, この直交行列 P はただちには求めにくいので, 次のような反復法が用いられる.

行列 A が対角行列であるか否かは, 非対角成分の 2 乗の和が 0 であるか否かを調べればよい. いま, 行列 A の非対角成分の 2 乗の和を $W(A)$ で表そう.

(d) で示した直交行列 P_1 によって, A から $A_1 = {}^t P_1 A P_1$ に 1 回変換するとき, $W(A_1)$ の値が $W(A)$ の値より減少するならば, このような変換を繰り返し行ってい

くと，ついには W の値がほとんど 0 になっていくことが推測される．このことを確かめてみよう．

この変換によって変化する成分は，(f) で見たように p 行，q 行，p 列，q 列のところの成分だけであることに注意して，$W(A)$ と $W(A_1)$ の差を調べる．図 9.1 に示すように p 行と q 列，q 行と p 列のうち交差するところ以外の成分は，(p, j) 成分と (q, j) 成分を対にして計算すると，$j \neq p$，$j \neq q$ として，

$$
\begin{aligned}
& a_{pj}{}^2 + a_{qj}{}^2 - [\{a_{pj}{}^{(1)}\}^2 + \{a_{qj}{}^{(1)}\}^2] \\
&= a_{pj}{}^2 + a_{qj}{}^2 - [\{a_{pj}c + a_{qj}s\}^2 + \{-a_{pj}s + a_{qj}c\}^2] \\
&= a_{pj}{}^2 + a_{qj}{}^2 - [a_{pj}{}^2(c^2 + s^2) + a_{qj}{}^2(s^2 + c^2)] \\
&= a_{pj}{}^2 + a_{qj}{}^2 - [a_{pj}{}^2 + a_{qj}{}^2] = 0
\end{aligned}
$$

となる．対称性より，$a_{jp}{}^2 + a_{jq}{}^2 - [\{a_{jp}{}^{(1)}\}^2 + \{a_{jq}{}^{(1)}\}^2] = 0$ も成り立つ．

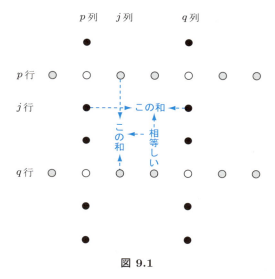

図 9.1

したがって，

$$
\begin{aligned}
W(A) - W(A_1) &= a_{pq}{}^2 + a_{qp}{}^2 - [\{a_{pq}{}^{(1)}\}^2 + \{a_{qp}{}^{(1)}\}^2] \\
&= 2[a_{pq}{}^2 - \{a_{pq}{}^{(1)}\}^2]
\end{aligned}
$$

となり，これが W の減少量である．この減少量を大きくするには，$a_{pq}{}^{(1)} = 0$ かつ a_{pq} として A の非対角成分のうち絶対値の最大なものをとればよい．このとき，

$$
W(A) - W(A_1) = 2a_{pq}{}^2
$$

となり，1 回変換すると $2a_{pq}{}^2$ だけ W の値が減少することがわかる．

したがって，直交変換の行列 P_1 を定める際に，まず，A の非対角成分のうち絶対

値の最大なものをとる．それを a_{pq} とすれば，この p, q について $a_{pq}^{(1)} = 0$ となるように θ を定めればよい．

(f) の第2式より，$a_{pq}(c^2 - s^2) - (a_{pp} - a_{qq})sc = 0$．したがって，

$$\frac{sc}{c^2 - s^2} = \frac{a_{pq}}{a_{pp} - a_{qq}}$$

$$\frac{2\tan\theta}{1 - \tan^2\theta} = \tan 2\theta = \frac{2a_{pq}}{a_{pp} - a_{qq}}$$

となる．すなわち，

$$\theta = \frac{1}{2}\tan^{-1}\frac{2a_{pq}}{a_{pp} - a_{qq}} \tag{9.8}$$

によって θ を定めればよい．

同様に，A_1 に対しても式 (9.8) によって θ を定め，(d) により直交行列 P_2 を作り，$A_2 = {}^t P_2 A_1 P_2$ とおく．以下同様にして，P_3, A_3, P_4, A_4, $\cdots$ を作っていく．この操作を何回も反復すると，W の値が 0 に収束していくことが次のようにしてわかる．

A_k の非対角成分の中で絶対値が最大の成分の値を α_k とすれば，

$$W(A_{k+1}) = W(A_k) - 2\alpha_k^2$$

となる．一方，A_k の非対角成分の平方はすべて α_k^2 を超えないから，

$$W(A_k) \leqq (n^2 - n)\alpha_k^2$$

$$\alpha_k^2 \geqq \frac{W(A_k)}{n^2 - n}$$

となる．したがって，次の不等式が成り立つ．

$$W(A_{k+1}) \leqq W(A_k) - \frac{2W(A_k)}{n^2 - n} = \left(1 - \frac{2}{n^2 - n}\right)W(A_k)$$

$r = 1 - 2/(n^2 - n)$ とおくと，r は $0 \leqq r < 1$ なる定数で，$W(A_{k+1}) \leqq rW(A_k)$ となる．この不等式を繰り返し用いると，

$$0 \leqq W(A_{k+1}) \leqq rW(A_k) \leqq r^2 W(A_{k-1}) \leqq \cdots \leqq r^k W(A_1)$$

となり，$k \to 0$ のとき，$r^k \to 0$ であるから，

$$\lim_{k \to \infty} W(A_k) = 0$$

が成り立つ．すなわち，k を大きくとると，A_k の非対角成分はほとんど 0 になっていく．したがって，そのようになったとき反復を止めれば，そのときの対角成分が固有値の近似値になっている．

次に，固有ベクトルについて考えよう．

$$A_1 = {}^t P_1 A P_1$$
$$A_2 = {}^t P_2 A_1 P_2 = {}^t P_2 {}^t P_1 A P_1 P_2 = {}^t(P_1 P_2)A(P_1 P_2),$$

164 ■ 第9章 固有値問題

$$A_3 = {}^tP_3 A_2 P_3 = {}^tP_3{}^t(P_1 P_2)A(P_1 P_2)P_3 = {}^t(P_1 P_2 P_3)A(P_1 P_2 P_3)$$

以下, 同様に

$$A_k = {}^t(P_1 P_2 \cdots P_k)A(P_1 P_2 \cdots P_k), \quad B_k = P_1 P_2 \cdots P_k$$

とおくと, $P_1, P_2, \cdots, P_k$ は直交行列だから B_k も直交行列であり,

$$A_k = {}^tB_k A B_k, \quad A B_k = B_k A_k \tag{9.9}$$

となる.

いま, A_k の非対角成分がほとんど 0 になったとし, A_k の対角成分を $\lambda_1, \lambda_2, \cdots, \lambda_n$

とすれば, $A_k \fallingdotseq \begin{bmatrix} \lambda_1 & 0 & \cdots & 0 \\ 0 & \lambda_2 & \cdots & 0 \\ \vdots & \vdots & \ddots & \vdots \\ 0 & 0 & \cdots & \lambda_n \end{bmatrix}$ と書けるから, B_k の列ベクトルを $\boldsymbol{b}_1{}^{(k)}, \boldsymbol{b}_2{}^{(k)},$

$\cdots, \boldsymbol{b}_n{}^{(k)}$ とおくと, 式 (9.9) より,

$$A[\boldsymbol{b}_1{}^{(k)}, \ \boldsymbol{b}_2{}^{(k)}, \ \cdots, \ \boldsymbol{b}_n{}^{(k)}]$$

$$\fallingdotseq [\boldsymbol{b}_1{}^{(k)}, \ \boldsymbol{b}_2{}^{(k)}, \ \cdots, \ \boldsymbol{b}_n{}^{(k)}] \begin{bmatrix} \lambda_1 & 0 & \cdots & 0 \\ 0 & \lambda_2 & \cdots & 0 \\ \vdots & \vdots & \ddots & \vdots \\ 0 & 0 & \cdots & \lambda_n \end{bmatrix}$$

となる. したがって,

$$[A\boldsymbol{b}_1{}^{(k)}, \ A\boldsymbol{b}_2{}^{(k)}, \ \cdots, \ A\boldsymbol{b}_n{}^{(k)}] \fallingdotseq [\lambda_1 \boldsymbol{b}_1{}^{(k)}, \ \lambda_2 \boldsymbol{b}_2{}^{(k)}, \ \cdots, \ \lambda_n \boldsymbol{b}_n{}^{(k)}]$$

すなわち,

$$A\boldsymbol{b}_1{}^{(k)} \fallingdotseq \lambda_1 \boldsymbol{b}_1{}^{(k)}, \ A\boldsymbol{b}_2{}^{(k)} \fallingdotseq \lambda_2 \boldsymbol{b}_2{}^{(k)}, \ \cdots, \ A\boldsymbol{b}_n{}^{(k)} \fallingdotseq \lambda_n \boldsymbol{b}_n{}^{(k)}$$

が成り立つ. よって, $\boldsymbol{b}_1{}^{(k)}, \boldsymbol{b}_2{}^{(k)}, \cdots, \boldsymbol{b}_n{}^{(k)}$ は近似的に A の固有ベクトルである.

以上は次のようにまとめられる.

■ ポイント 9.2 　対称行列の固有値を求めるヤコビ法

A を実対称行列とする. A の非対角成分のうち絶対値が最大なものを (p, q) 成分とする. この p, q に対して, 変換の角 θ を

$$\theta = \frac{1}{2}\tan^{-1}\frac{2a_{pq}}{a_{pp} - a_{qq}}$$

で定め, この θ によって (d) にある直交行列 P_1 を作り, $A_1 = {}^tP_1 A P_1$ とおく. 同様な操作を A_1 に対して行い, 直交行列 P_2 および $A_2 = {}^tP_2 A_1 P_2$ を作る. 以下, 同様にこの操作を繰り返し, $P_3, A_3, \cdots, P_k, A_k, \cdots$を作っていく. また, $B_k = P_1 P_2 \cdots P_k$ とおく.

9.3 ヤコビ法 ■ **165**

A_k がほとんど対角化されたら，そのときの A_k の対角成分を固有値，対応する B_k の列ベクトルをその固有ベクトルとみなす．

【例題 9.5】 行列 $A = \begin{bmatrix} 3 & 1 & 1 \\ 1 & 2 & 0 \\ 1 & 0 & 2 \end{bmatrix}$ の固有値，固有ベクトルをヤコビ法で求めよ．

【解】 非対角成分のうち絶対値が最大な成分をみる．いま，$a_{12} = 1$（同じ値があるときはどれでもよい）をとる．したがって，$p = 1$，$q = 2$ の場合である．これより，式 (9.8) で変換の角 θ を求めると，

$$\theta = \frac{1}{2} \tan^{-1} \frac{2a_{12}}{a_{11} - a_{22}} = \frac{1}{2} \tan^{-1} \frac{2 \cdot 1}{3 - 2} = \frac{1}{2} \tan^{-1} 2 = 0.55357435 \cdots \text{ rad}$$

となる．ゆえに，$c = \cos\theta = 0.8506508$，$s = \sin\theta = 0.5257311$．したがって，

$$P_1 = \begin{bmatrix} c & -s & 0 \\ s & c & 0 \\ 0 & 0 & 1 \end{bmatrix} = \begin{bmatrix} 0.8506508 & -0.5257311 & 0 \\ 0.5257311 & 0.8506508 & 0 \\ 0 & 0 & 1 \end{bmatrix}$$

となり，A_1 が次のように定まる．

$$A_1 = {}^t P_1 A P_1 = \begin{bmatrix} 3.61803 & 0.00000 & 0.85065 \\ 0.00000 & 1.38197 & -0.52573 \\ 0.85065 & -0.52573 & 2.00000 \end{bmatrix}$$

次に，この A_1 に対して同様の操作を行う．今度は絶対値が最大な成分は (1, 3) 成分だから，$p = 1$，$q = 3$ である．前と同様にすると変換の角 θ は，

$$\theta = 0.40523965, \quad c = 0.9190079, \quad s = 0.3942390$$

となる．これより，

$$P_2 = \begin{bmatrix} c & 0 & -s \\ 0 & 1 & 0 \\ s & 0 & c \end{bmatrix} = \begin{bmatrix} 0.9190079 & 0.0000000 & -0.3942390 \\ 0.0000000 & 1.0000000 & 0.0000000 \\ 0.3942390 & 0.0000000 & 0.9190079 \end{bmatrix}$$

$$A_2 = {}^t P_2 A_1 P_2 = \begin{bmatrix} 3.98295 & -0.20726 & 0.00000 \\ -0.20726 & 1.38197 & -0.48315 \\ 0.00000 & -0.48315 & 1.63509 \end{bmatrix}$$

となる．以下，同様にして A_3，A_4，A_5，$\cdots$ を求めると，

$$A_3 = \begin{bmatrix} 3.98295 & -0.16408 & 0.12664 \\ -0.16408 & 1.00907 & 0.00000 \\ 0.12664 & 0.0000 & 2.00798 \end{bmatrix}, \ A_4 = \begin{bmatrix} 3.99197 & 0.00000 & 0.12644 \\ 0.00000 & 1.00005 & 0.00696 \\ 0.12644 & 0.00696 & 2.00798 \end{bmatrix},$$

166 ■ 第9章 固有値問題

$$A_5 = \begin{bmatrix} 4.00000 & 0.00044 & 0.00000 \\ 0.00044 & 1.00005 & 0.00694 \\ 0.00000 & 0.00694 & 1.99995 \end{bmatrix}, \quad A_6 = \begin{bmatrix} 4.00000 & 0.00044 & 0.00000 \\ 0.00044 & 1.00000 & 0.00000 \\ 0.00000 & 0.00000 & 2.00000 \end{bmatrix},$$

$$A_7 = \begin{bmatrix} 4.00000 & 0.00000 & 0.00000 \\ 0.00000 & 1.00000 & 0.00000 \\ 0.00000 & 0.00000 & 2.00000 \end{bmatrix}$$

となり，A_7 が (ほぼ) 対角行列になっている．したがって，固有値は 4，1，2 であることがわかる．

また，$B = P_1 P_2 \cdots P_7$ の列ベクトル $\boldsymbol{b}_1$，$\boldsymbol{b}_2$，$\boldsymbol{b}_3$ を平行して計算することにより，固有値 $\lambda = 4, 1, 2$ に対応する次の固有ベクトルが得られる．

$$\begin{bmatrix} 0.81650 \\ 0.40825 \\ 0.40825 \end{bmatrix}, \quad \begin{bmatrix} -0.57735 \\ 0.57735 \\ 0.57735 \end{bmatrix}, \quad \begin{bmatrix} 0.00000 \\ -0.70711 \\ 0.70711 \end{bmatrix}$$

次に，対称行列の固有値，固有ベクトルをヤコビ法で求めるプログラム 9.2 をあげておく．

プログラム 9.2

```
1  /********************************************/
2  /*    対称行列の固有値，固有ベクトル（ヤコビ法）    */
3  /*                            jacobi.c       */
4  /********************************************/
5  #include <stdio.h>
6  #include <math.h>
7  #define    N        11
8  void output(int n, double a[][N])
9  {   int i,j;
10     for(i=1; i<=n; i++) {
11         for(j=1; j<=n; j++)
12             { printf(" %10.6lf",a[i][j]); }
13         printf("\n");
14     }
15  }
16  int main(void)
17  {   int      i, j, k, n, l, p, q, check;
18      double   aa, a7, a8, a9, x, y, z, w, t, c, s;
19      static double  c2, s2, bb, mx, a[N][N], b[N][N];
20      static double  t0[N][N], t1[N][N], a1[N], a2[N];
21      char     qq, zz;
22      while( 1 ){
23          printf("対称行列の固有値，固有ベクトル");
24          printf("（ヤコビ法）\n\n");
```

9.3 ヤコビ法　■　**167**

```
25          printf(" 行列の次数を入力 (1<n<10) n = ");
26          scanf("%d%c",&n,&zz );
27          if((n <= 1) || (10 <= n))      continue;
28          printf("\n対称行列の上三角成分の入力 \n\n");
29          for(i=1; i<=n; i++){
30              for(j=i; j<=n; j++){
31                  printf("a( %1d , %1d )=",i,j);
32                  scanf("%lf%c",&aa,&zz );
33                  a[i][j]  = aa;     b[i][j] = aa;
34                  a[j][i]  = aa;     b[j][i] = aa;
35                  t0[i][j] = 0.0;
36                  if(i == j)  t0[i][j] = 1.0;
37              }
38              printf("\n");
39          }
40          printf("\n正しく入力しましたか？ (y/n) ");
41          scanf("%c%c",&qq,&zz);
42          if(qq == 'y')     break;
43      }
44      printf("入力した行列\n");     output(n,a);
45      printf("\nエンターキーを押せば対角化計算を");
46      printf("開始します.\n");
47      scanf("%c",&zz);
48      for(l=1; l<=100; l++) {
49  /* 非対角成分の中から絶対値の最大の成分を探す */
50          mx = fabs(a[1][2]);
51          p  = 1;       q  = 2;
52          for(j=2; j<=n; j++) {
53              for(i=1; i<=j-1; i++) {
54                  if(fabs(a[i][j]) <= mx)  continue;
55                  mx = fabs(a[i][j]);
56                  p  = i;       q  = j;
57              }
58          }
59          x = a[p][p];    y = a[p][q];   z = a[q][q];
60          /***    θ を求める   ***/
61          w = 2.0 * y / (x - z);
62          t = atan(w) / 2.0;   c = cos(t);     s = sin(t);
63          c2 = c * c;       s2 = s * s;     bb = c * s;
64          for(k=1; k<=n; k++) {
65              a1[k] =  a[p][k] * c + a[q][k] * s;
66              a2[k] = -a[p][k] * s + a[q][k] * c;
67          }
68          for(k=1; k<=n; k++) {
69              a7 = a1[k];  a[p][k] = a7;  a[k][p] = a7;
70              a8 = a2[k];  a[q][k] = a8;  a[k][q] = a8;
71          }
72          for(i=1; i<=n; i++) {
73              for(j=1; j<=n; j++) {
```

168 ■ 第9章 固有値問題

```c
74                 if(i == j)    t1[i][j] = 1.0;
75                 else          t1[i][j] = 0.0;
76             }
77         }
78         t1[p][p] = c;    t1[p][q] = -s;
79         t1[q][p] = s;    t1[q][q] = c;
80         a[p][p] = x * c2 + 2 * y * bb + z * s2;
81         a9      = y * (c2 - s2) - (x - z) * bb;
82         a[p][q] = a9;    a[q][p] = a9;
83         a[q][q] = x * s2 - 2 * y * bb + z * c2;
84         for(i=1; i<=n; i++) {
85             for(j=1; j<=n; j++) {
86                 s = 0.0;
87                 for(k=1; k<=n; k++)
88                     {  s += t0[i][k] * t1[k][j];  }
89                 a1[j] = s;
90             }
91             for( j=1; j<=n; j++ )   t0[i][j] = a1[j];
92         }
93         printf("\n反復回数 = %d回目\n",l);
94         output(n,a);
95         /** 非対角成分がすべて零に近づいたかを調べて   **/
96         /** 収束を判定する. **/
97         check = 0;
98         for(i=1; i<=n; i++) {
99             for(j=i+1; j<=n; j++) {
100                if(fabs(a[i][j]) < 0.000001)
101                    check += 1;
102            }
103        }
104        if(check == (n * n - n) / 2)  break;
105        if(l % 3 == 0) {
106        printf("\nエンターキーを押せば次に進みます. ");
107        scanf("%c",&zz);
108        }
109    }
110    printf("\n\n対角化を終了しました. ");
111    printf("エンターキーを押してください. \n");
112    scanf("%c",&zz);
113    printf("        計算結果の出力\n");
114    printf("\n入力した行列の出力\n");
115    output(n,b);
116    printf("\n固有値の出力\n");
117    for(i=1; i<=n; i++)
118        printf(" %10.6lf",a[i][i]);
119    printf("\n\n");
120    printf("固有ベクトルの出力");
121    printf("（上の固有値に左から順に対応）\n");
122    output(n,t0);
```

```
123        return 0;
124 }
```

▶▶▶ 演習問題 9

9.1 次の行列の固有値，固有ベクトルを求めよ．

(1) $\begin{bmatrix} -6 & 4 \\ 2 & 1 \end{bmatrix}$ (2) $\begin{bmatrix} 1 & 5 \\ 1 & 3 \end{bmatrix}$

9.2 次の行列の固有値，固有ベクトルを求めよ．

(1) $\begin{bmatrix} 3 & 12 \\ 1 & 2 \end{bmatrix}$ (2) $\begin{bmatrix} 1 & 2 & -1 \\ 2 & 0 & -2 \\ -1 & -2 & 1 \end{bmatrix}$ (3) $\begin{bmatrix} 3 & 1 & 1 \\ 1 & 2 & 0 \\ 1 & 0 & 2 \end{bmatrix}$

(4) $\begin{bmatrix} 2 & 3 & -2 \\ -2 & -2 & 1 \\ 4 & -1 & 6 \end{bmatrix}$ (5) $\begin{bmatrix} 1 & 2 & -1 \\ 2 & 3 & 1 \\ 1 & 2 & 1 \end{bmatrix}$

9.3 次の行列の固有値，固有ベクトルを，プログラム 9.1 によって 1 組求めよ．

(1) $\begin{bmatrix} 3 & 1 & 1 \\ 1 & 2 & 0 \\ 1 & 0 & 2 \end{bmatrix}$ (2) $\begin{bmatrix} 1 & 2 & -1 \\ 2 & 3 & 1 \\ 1 & 2 & 1 \end{bmatrix}$ (3) $\begin{bmatrix} 1 & 2 & 1 \\ 3 & -1 & 0 \\ -1 & 1 & 2 \end{bmatrix}$

9.4 次の行列は直交行列であることを検証せよ．ただし，$s = \sin\theta$，$c = \cos\theta$ とする．

(1) $\begin{bmatrix} c & 0 & -s \\ 0 & 1 & 0 \\ s & 0 & c \end{bmatrix}$ (2) $\begin{bmatrix} 1 & 0 & 0 & 0 \\ 0 & c & -s & 0 \\ 0 & s & c & 0 \\ 0 & 0 & 0 & 1 \end{bmatrix}$

9.5 ある国は二大政党制の国で，毎回の総選挙での投票傾向は，N 党と M 党の比が N 党支持者は 7：3，M 党支持者は 1：9 であるという．総選挙を繰り返していくと，両党の得票の比はどんな比に近づいていくか．ただし，有権者数は不変で，総選挙時は皆有効な投票を行うものとする．

9.6 行列 $\begin{bmatrix} 2 & 1 & -3 \\ 1 & 1.5 & 2 \\ -3 & 2 & 1 \end{bmatrix}$ の固有値，固有ベクトルをヤコビ法で求めることについて，次の設問に答えよ．

(1) 第 1 回目の変換の角 θ を求めよ．   (2) 第 1 回目の直交行列 P_1 を求めよ．

(3) 第 1 回目の行列 A_1 を求めよ．

170 ■ 第 9 章 固有値問題

9.7 次の行列の固有値，固有ベクトルをプログラム 9.2 を用いて求めよ．

(1) $\begin{bmatrix} 1.2 & -3.4 & 2.3 \\ -3.4 & 0.8 & 1.5 \\ 2.3 & 1.5 & -0.3 \end{bmatrix}$ (2) $\begin{bmatrix} 12.5 & 36.9 & -2.8 & 0.5 \\ 36.9 & 0.7 & 20.4 & -8.3 \\ -2.8 & 20.4 & -5.2 & 29.1 \\ 0.5 & -8.3 & 29.1 & 17.2 \end{bmatrix}$

171

演習問題解答

　以下において，解答の箇所にたとえばレポート (2-1) とあるのは，レポートにするのが望ましいことを示している．なお，(2-1) は第 2 章のレポート番号 1 という意味である．詳細解答についてはまえがきを参照されたい．

▶ 演習問題 1

1.1　(1)　0.3376, 1.3075　　(2)　0.7390　　(3)　0.5671

1.2　0.53727, −1.31597　　1.3　1.4902

1.4　半球の中心から下へ約 21.3 cm の位置まで上昇

1.5　$t = 2.4587$

▶ 演習問題 2

2.1　$\begin{cases} x_1 = b_1 \\ a_{21}x_1 + x_2 = b_2 \\ a_{31}x_1 + a_{32}x_2 + x_3 = b_3, \\ \quad\vdots \\ a_{n1}x_1 + a_{n2}x_2 + \cdots + a_{n,n-1}x_{n-1} + x_n = b_n \end{cases}$　解 $\begin{cases} x_1 = b_1 \\ x_j = b_j - \displaystyle\sum_{k=1}^{j-1} a_{jk}x_k \\ \qquad (j = 2, 3, \cdots, n) \end{cases}$

2.2　(1)　$x = 1.8, \; y = -1, \; z = -1.1$

　(2)　$x = -0.166667, \; y = -0.166667, \; z = -0.541667, \; w = -1.583333$

　(3)　$x = -0.736418, \; y = 0.014627, \; z = -0.349701, \; u = 1.837313,$
　　$w = 0.721940$

2.3　(1)　$x = 0.375, \; y = 0.625, \; z = 0.125$　　(2)　$x = 2, \; y = 1, \; z = 3, \; u = 4$

2.4　レポート (2-1)

2.5　(1)　$\begin{bmatrix} 2 & 1 & -1 \\ -4 & -1 & 2 \\ -1 & -1 & 1 \end{bmatrix}$　　(2)　$\begin{bmatrix} 3 & 2 & 0 \\ -1 & -1 & 0 \\ -1 & -1 & 1 \end{bmatrix}$　　(3)　$\begin{bmatrix} 50 & -11 & 9 \\ 22 & -5 & 4 \\ -5 & 1 & -1 \end{bmatrix}$

2.6　レポート (2-2)

2.7　(1)　$\boldsymbol{x} = t \begin{bmatrix} 4 \\ -1 \\ 3 \end{bmatrix}$　　(2)　$\boldsymbol{x} = t \begin{bmatrix} 1 \\ 3 \\ -4 \end{bmatrix}$　　(3)　$\boldsymbol{x} = t \begin{bmatrix} 0 \\ 1 \\ 1 \end{bmatrix}$

　(t は任意定数)

2.8　$s, \; t$ を任意の定数，連立方程式の未知数からなるベクトルを $\boldsymbol{x}$ とする．

172 ■ 演習問題解答

(1) $\boldsymbol{x} = \begin{bmatrix} 4 \\ -9 \\ 0 \\ 0 \end{bmatrix} + s \begin{bmatrix} -2 \\ 8 \\ 1 \\ 0 \end{bmatrix} + t \begin{bmatrix} 4 \\ -13 \\ 0 \\ 1 \end{bmatrix}$ (2) $\boldsymbol{x} = s \begin{bmatrix} 3 \\ 1 \\ 0 \end{bmatrix} + t \begin{bmatrix} -2 \\ 0 \\ 1 \end{bmatrix}$

(3) $\boldsymbol{x} = \dfrac{1}{3} \begin{bmatrix} 1 \\ 5 \\ 0 \end{bmatrix} + s \begin{bmatrix} 4 \\ -1 \\ 3 \end{bmatrix}$ (4) $\boldsymbol{x} = \begin{bmatrix} 0.5 \\ 6.5 \\ 0 \end{bmatrix} + t \begin{bmatrix} 1 \\ 3 \\ -4 \end{bmatrix}$ (5) 解なし

(6) $\boldsymbol{x} = \begin{bmatrix} 1 \\ -1 \\ -1 \end{bmatrix}$ (7) $\boldsymbol{x} = \begin{bmatrix} 84 \\ -36 \\ -3 \\ 8 \\ 0 \\ 0 \\ 0 \end{bmatrix} + r \begin{bmatrix} -14 \\ 6 \\ 0 \\ -2 \\ 1 \\ 0 \\ 0 \end{bmatrix} + s \begin{bmatrix} -12 \\ 5 \\ 0 \\ -1 \\ 0 \\ 1 \\ 0 \end{bmatrix} + t \begin{bmatrix} 52 \\ -21.5 \\ -3.5 \\ 2 \\ 0 \\ 0 \\ 1 \end{bmatrix}$

2.9 $x = \dfrac{11}{3}, \quad y = \dfrac{1}{3}, \quad z = \dfrac{5}{3}$ kg, 最大値 $\dfrac{79}{6}$ 万円

2.10 (1) $\begin{bmatrix} 2 & 0 & 0 \\ -1 & 4 & 0 \\ 3 & 1 & -5 \end{bmatrix} \begin{bmatrix} 1 & 3 & 4 \\ 0 & 1 & -2 \\ 0 & 0 & 1 \end{bmatrix}$, 行列式 $= -40$

(2) $\begin{bmatrix} 2 & 0 & 0 \\ -3 & 4 & 0 \\ 1 & -5 & 1 \end{bmatrix} \begin{bmatrix} 1 & 2 & 0 \\ 0 & 1 & 3 \\ 0 & 0 & 1 \end{bmatrix}$, 行列式 $= 8$

(3) $\begin{bmatrix} 2 & 0 & 0 \\ -1 & 4 & 0 \\ 3 & -2 & 1 \end{bmatrix} \begin{bmatrix} 1 & -3 & 5 \\ 0 & 1 & 2 \\ 0 & 0 & 1 \end{bmatrix}$, 行列式 $= 8$

2.11 省略

2.12 省略

2.13 (1) $\begin{bmatrix} 3 & 0 & 0 & 0 \\ 1 & 2 & 0 & 0 \\ -1 & 4 & -4 & 0 \\ 0 & 2 & -4 & 4 \end{bmatrix} \begin{bmatrix} 1 & -2 & 1 & 3 \\ 0 & 1 & 3 & -4 \\ 0 & 0 & 1 & -2.5 \\ 0 & 0 & 0 & 1 \end{bmatrix}$, 行列式 $= -96$

(2) $\begin{bmatrix} 3 & 0 & 0 & 0 \\ 1 & 1 & 0 & 0 \\ 0 & -1.5 & -2 & 0 \\ 2 & 3 & 2.2 & 0.5 \end{bmatrix} \begin{bmatrix} 1 & 0.5 & -2 & 1.6 \\ 0 & 1 & 0 & -4 \\ 0 & 0 & 1 & 3.5 \\ 0 & 0 & 0 & 1 \end{bmatrix}$, 行列式 $= -3$

2.14　(1)　$x = 1$, $y = -2$, $z = 0$, $u = -1$
　　　(2)　$x = 81.0521$, $y = -29.48$, $z = 27.02$, $u = -7.42001$

▶ 演習問題 3

3.1　$y = \dfrac{(x-3)(x-4)}{(1-3)(1-4)} \cdot 2 + \dfrac{(x-1)(x-4)}{(3-1)(3-4)} \cdot 3 + \dfrac{(x-1)(x-3)}{(4-1)(4-3)} \cdot 2$

3.2　$y = \dfrac{(x-x_1)(x-x_2)(x-x_3)}{(x_0-x_1)(x_0-x_2)(x_0-x_3)} \cdot y_0 + \dfrac{(x-x_2)(x-x_3)(x-x_0)}{(x_1-x_2)(x_1-x_3)(x_1-x_0)} \cdot y_1$
　　　　$+ \dfrac{(x-x_3)(x-x_0)(x-x_1)}{(x_2-x_3)(x_2-x_0)(x_2-x_1)} \cdot y_2 + \dfrac{(x-x_0)(x-x_1)(x-x_2)}{(x_3-x_0)(x_3-x_1)(x_3-x_2)} \cdot y_3$

3.3　$L_1(x) = \dfrac{(x-x_0)(x-x_2)(x-x_3)(x-x_4)}{(x_1-x_0)(x_1-x_2)(x_1-x_3)(x_1-x_4)}$

3.4　(1)　0.48115　　(2)　4.44067　　3.5　1.4616　　3.6　省略

3.7　(1)　1.42716　　(2)　1182.36

3.8　省略

▶ 演習問題 4

4.1　$S_1(x) = 0.0142857(x-1)^3 - 1.01429(x-1)^2 + 3(x-1) + 3$
　　　$S_2(x) = 0.107143(x-2)^3 - 0.971429(x-2)^2 + 1.01429(x-2) + 5$
　　　$S_3(x) = -0.0857145(x-4)^3 - 0.328571(x-4)^2 - 1.58571(x-4) + 4$

4.2　$S_2(x) = 0.266699(x-2)^3 - 0.965039(x-2)^2 - 0.486719(x-2) + 6.2$
　　　$S_4(x) = -0.0115234(x-5)^3 + 0.0691406(x-5)^2 - 0.442188(x-5) + 2.8$
　　　したがって，$S(3) = S_2(3) \fallingdotseq 5.015$，$S(6) = S_4(6) = 2.415$

4.3　レポート (4-1)　　4.4　$y = 3.68x - 1.36$

4.5　$R = 0.056167t + 14.2867$

4.6　(1)　$y = 2.2653x^{2.03773}$　　(2)　$y = 1.05409e^{0.95361x}$．次の解図 1 は，プログラ

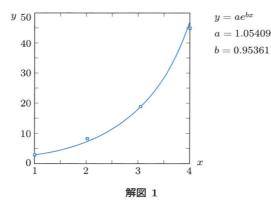

解図 1

174 ■ 演習問題解答

ム 4.2 によって，本問を実行した結果である．

4.7　(1)　$a \fallingdotseq 0.0438,\ b \fallingdotseq -0.0225$　　(2)　$a \fallingdotseq 0.0224,\ b \fallingdotseq 0.00275$

4.8　レポート (4-2)

▶ **演習問題 5**

5.1　(1)　$\dfrac{1}{4}T_4 + \dfrac{9}{2}T_2 + \dfrac{21}{4}$　　(2)　$\dfrac{3}{16}T_5 + \dfrac{7}{16}T_3 + \dfrac{11}{8}T_1$

5.2　(1)　$8x^3 - 8x^2 - 6x + 4$　　(2)　$256x^6 - 384x^4 - 4x^3 + 144x^2 + 4x - 8$

5.3　$2x^2 - \dfrac{1}{4}x + 1$

5.4　(1)　$y = \dfrac{23039}{23040} - \dfrac{639}{1280}x^2 + \dfrac{19}{480}x^4$

　(2)　$y = 1 + \dfrac{46081}{46080}x + \dfrac{1}{2}x^2 + \dfrac{959}{5760}x^3 + \dfrac{1}{24}x^4 + \dfrac{5}{576}x^5 + \dfrac{1}{720}x^6$

5.5　レポート (5-1)

5.6　$P_4(x) = \dfrac{1}{8}(35x^4 - 30x^2 + 3),\ P_5(x) = \dfrac{1}{8}(63x^5 - 70x^3 + 15x),\ P_6(x) = \dfrac{1}{16}(231x^6 - 315x^4 + 105x^2 - 5)$

5.7　省略

▶ **演習問題 6**

6.1　6.5 節末尾を参照　　6.2　$2(e^2 + 3e^{-2}) = 15.590123\cdots$

6.3　レポート (6-1)

6.4　4.59203　　6.5　レポート (6-2)

6.6　$e - e^{-1} = 2.35040238\cdots$　　6.7　省略

6.8　(1)　$\dfrac{\pi}{2} = 1.5707963\cdots$　　(2)　$\dfrac{(5\sqrt{5} - 1)\pi}{6} = 5.3304135\cdots$

6.9　省略

6.10　小数点以下第 4 位で四捨五入して，次のようになる．

　(1)　$(0.914,\ 0.357)$　　(2)　$(1.274,\ 0.391)$　　(3)　$(-0.379,\ 0.697)$

▶ **演習問題 7**

7.1　(1)　$y(0.1) = 1.1103,\ y(0.2) = 1.2428$

　(2)　$y(0.1) = 0.99549,\ y(0.2) = 0.98379$

7.2　(1)　$y = 2e^x - x - 1$　　(2)　$y = (x + 1)e^{-\sin x}$

7.3　レポート (7-1)

7.4　$y(1.1) = 1.99548,\ y(1.2) = 1.98364$

演習問題解答 ■ **175**

▶ 演習問題 8

8.1 (1) $h = 0.2$, $k = h/2$ のときの近似解.

0.0000	0.5878	0.9511	0.9511	0.5878	0.0000
0.0000	0.4755	0.7694	0.7694	0.4755	0.0000
0.0000	0.1816	0.2939	0.2939	0.1816	0.0000
0.0000	−0.1816	−0.2939	−0.2939	−0.1816	0.0000
0.0000	−0.4755	−0.7694	−0.7694	−0.4755	0.0000
0.0000	−0.5878	−0.9511	−0.9511	−0.5878	0.0000

(2) $h = 0.5$, $k = h/\sqrt{2}$ のときの近似解.

0.0000	0.2500	0.5000	0.7500	1.0000	0.7500	0.5000	0.2500	0.0000
0.0000	0.2500	0.5000	0.7500	0.7500	0.7500	0.5000	0.2500	0.0000
0.0000	0.2500	0.5000	0.5000	0.5000	0.5000	0.5000	0.2500	0.0000
0.0000	0.2500	0.2500	0.2500	0.2500	0.2500	0.2500	0.2500	0.0000
0.0000	0.0000	0.0000	0.0000	0.0000	0.0000	0.0000	0.0000	0.0000
0.0000	−0.2500	−0.2500	−0.2500	−0.2500	−0.2500	−0.2500	−0.2500	0.0000
0.0000	−0.2500	−0.5000	−0.5000	−0.5000	−0.5000	−0.5000	−0.2500	0.0000
0.0000	−0.2500	−0.5000	−0.7500	−0.7500	−0.7500	−0.5000	−0.2500	0.0000
0.0000	−0.2500	−0.5000	−0.7500	−1.0000	−0.7500	−0.5000	−0.2500	0.0000

8.2 $h = 0.25$, $k = 0.1$ のときの近似解.

0.0000	0.2500	0.5000	0.7500	1.0000	0.7500	0.5000	0.2500	0.0000
0.0000	0.2360	0.4544	0.6159	0.6098	0.6159	0.4544	0.2360	0.0000
0.0000	0.1953	0.3572	0.4546	0.5181	0.4546	0.3572	0.1953	0.0000
0.0000	0.1502	0.2772	0.3689	0.3872	0.3689	0.2772	0.1502	0.0000
0.0000	0.1180	0.2190	0.2826	0.3115	0.2826	0.2190	0.1180	0.0000
0.0000	0.0925	0.1702	0.2242	0.2400	0.2242	0.1702	0.0925	0.0000
0.0000	0.0722	0.1340	0.1740	0.1897	0.1740	0.1340	0.0722	0.0000
0.0000	0.0567	0.1045	0.1370	0.1476	0.1370	0.1045	0.0567	0.0000
0.0000	0.0443	0.0820	0.1069	0.1160	0.1069	0.0820	0.0443	0.0000
0.0000	0.0347	0.0641	0.0839	0.0906	0.0839	0.0641	0.0347	0.0000
0.0000	0.0272	0.0502	0.0656	0.0710	0.0656	0.0502	0.0272	0.0000

8.3 省略

8.4 $n = 5$, $m = 5$ のときの近似解.

$z_{1,4} = 0.87637, \quad z_{2,4} = 1.07046, \quad z_{3,4} = 1.30744, \quad z_{4,4} = 1.59677$

$z_{1,3} = 0.68989, \quad z_{2,3} = 0.84271, \quad z_{3,3} = 1.02925, \quad z_{4,3} = 1.25695$

$z_{1,2} = 0.47583, \quad z_{2,2} = 0.58125, \quad z_{3,2} = 0.70990, \quad z_{4,2} = 0.86692$

$z_{1,1} = 0.24276, \quad z_{2,1} = 0.29655, \quad z_{3,1} = 0.36218, \quad z_{4,1} = 0.44229$

なお，真の解は $y = e^x \sin y$ である．

▶ 演習問題 9

9.1　(1)　$\lambda = 2,\ \lambda = -7$　　　　　　(2)　$\lambda = 2 + \sqrt{6},\ \lambda = 2 - \sqrt{6}$

$$\begin{bmatrix} 1 \\ 2 \end{bmatrix}, \quad \begin{bmatrix} 4 \\ -1 \end{bmatrix} \qquad\qquad \begin{bmatrix} \sqrt{6} - 1 \\ 1 \end{bmatrix}, \quad \begin{bmatrix} \sqrt{6} + 1 \\ -1 \end{bmatrix}$$

9.2　(1)　$\lambda = 6,\ \lambda = -1$　　　　　　(2)　$\lambda = 0,\ \lambda = 4,\ \lambda = -2$

$$\begin{bmatrix} 4 \\ 1 \end{bmatrix}, \quad \begin{bmatrix} 3 \\ -1 \end{bmatrix} \qquad\qquad \begin{bmatrix} 1 \\ 0 \\ 1 \end{bmatrix}, \quad \begin{bmatrix} 1 \\ 1 \\ -1 \end{bmatrix}, \quad \begin{bmatrix} 1 \\ -2 \\ -1 \end{bmatrix}$$

(3)　$\lambda = 1,\ \lambda = 2,\ \lambda = 4$　　　(4)　$\lambda = 1,\ \lambda = 2,\ \lambda = 3$

$$\begin{bmatrix} 1 \\ -1 \\ -1 \end{bmatrix}, \quad \begin{bmatrix} 0 \\ 1 \\ -1 \end{bmatrix}, \quad \begin{bmatrix} 2 \\ 1 \\ 1 \end{bmatrix} \qquad \begin{bmatrix} 1 \\ -1 \\ -1 \end{bmatrix}, \quad \begin{bmatrix} -5 \\ 4 \\ 6 \end{bmatrix}, \quad \begin{bmatrix} 7 \\ -5 \\ -11 \end{bmatrix}$$

(5)　$\lambda = 1,\ \lambda = 2 + \sqrt{6},\ \lambda = 2 - \sqrt{6}$

$$\begin{bmatrix} 2 \\ -1 \\ -2 \end{bmatrix}, \quad \begin{bmatrix} 3 \\ 3 + 2\sqrt{6} \\ 3 + \sqrt{6} \end{bmatrix}, \quad \begin{bmatrix} 3 \\ 3 - 2\sqrt{6} \\ 3 - \sqrt{6} \end{bmatrix}$$

9.3　(1)　上の 9.2 の (3) に同じ．　　(2)　上の 9.2 の (5) に同じ．

(3)　【例題 9.2】に同じ

9.4　省略

9.5　$1 : 3$

9.6　(1)　$\theta = -0.7028238\,\mathrm{rad}$

(2)　$$\begin{bmatrix} 0.7630200 & 0 & 0.6463749 \\ 0 & 1 & 0 \\ -0.6463749 & 0 & 0.7630200 \end{bmatrix}$$

(3)　$$\begin{bmatrix} 4.54138 & -0.52973 & 0 \\ -0.52973 & 1.5 & 2.17241 \\ 0 & 2.17241 & -1.54138 \end{bmatrix}$$

9.7　省略

参考文献

　本書を執筆するにあたって，参考にした図書ならびに読者の参考になると思われる図書等を記載しておく．

【数値計算全般について】
[1] 赤澤　隆：「数値計算」，コロナ社 (1970)
[2] 有本　卓：「大学講義シリーズ　数値解析 (1)」，コロナ社 (1981)
[3] 小門純一，八田夏夫：「数値計算法の基礎と応用」，森北出版 (1988)
[4] 戸川隼人：「数値計算法」，コロナ社 (1981)
[5] 一松　信：「新数学講義　数値解析」，朝倉書店 (1989)
[6] 牧之内三郎，鳥居達生：「数値解析」，オーム社 (1976)
[7] 森　正武：「数値解析」，共立出版 (1973)
[8] 山本哲朗：「数値解析入門」，サイエンス社 (1980)
[9] 藪下　信：「初等数値解析」，森北出版 (1977)
[10] S. D. コンテ，C. ドボアー共著；吉沢　正訳：「電子計算機による数値解析と算法入門」，ブレイン図書出版・丸善発売 (1985)
[11] A. ラルストン，P. ラビノヴィッツ共著；戸田英雄，小野令美共訳：「電子計算機のための数値解析の理論と応用 (上・下)」，ブレイン図書出版・丸善発売 (1986)

【科学技術計算のフォートランによるプログラミング技法について】
[12] 森　正武：「FORTRAN77 数値計算プログラミング」，岩波書店 (1987)
[13] 渡辺　力，名取　亮，小国　力：「Fortran77 による数値計算ソフトウェア」，丸善 (1989)

【数値積分のアルゴリズムとプログラミングについて】
[14] 長田直樹：「数値微分積分法」，現代数学社 (1987)

【数値計算に関する注意・コメントを述べたもの】
[15] 伊理正夫，藤野和建：「数値計算の常識」，共立出版 (1990)

【その他】
[16] 堀之内總一，酒井幸吉：「チェビシェフ補間による数値積分」，鹿児島工業高等専門学校研究報告 24 (1990)，pp.109-118
[17] 堀之内總一：「単純な近似式による 4 次のルンゲ・クッタ公式の導出」，鹿児島工業高等専門学校研究報告 26 (1992)，pp.1-3

付　録

プログラム一覧

プログラム番号	プログラム名	参照ページ
1.1	2分法のプログラム	5
1.2	ニュートン法のプログラム	8
2.1	上三角型の連立方程式の解法	14
2.2	ガウスの消去法による連立方程式の解法	18
2.3	ガウスの消去法による LU 分解	37
3.1	ラグランジュの補間多項式	47
3.2	ニュートンの差商公式による補間	54
4.1	スプライン関数の決定 (1次係数法)	67
4.2	最小2乗法	78
6.1	台形公式による積分計算	96
6.2	堀之内の数値積分公式による計算	106
6.3	長方形型	108
6.4	1重指数関数型変換による積分	109
6.5	2重指数関数型積分公式による積分	111
6.6	堀之内の数値積分公式による2重積分	116
7.1	ルンゲ・クッタ2次公式	125
8.1	波動方程式の差分による数値解法	135
8.2	熱伝導方程式の数値解法 (クランク・ニコルソン法)	141
9.1	反復法によって一つの固有値を求めるプログラム	158
9.2	対称行列の固有値，固有ベクトル (ヤコビ法)	166

付　録　179

記号一覧

記　号	意　味	参照ページ
$[a_1, a_2, \cdots, a_n]$	行ベクトル	10
$\begin{bmatrix} a_1 \\ a_2 \\ \vdots \\ a_n \end{bmatrix}$	列ベクトル	10
$[a_{ij}]$	a_{ij} を i 行 j 列成分とする行列	11
${}^t\boldsymbol{a}$	ベクトル $\boldsymbol{a}$ の転置ベクトル	12
${}^tA$	行列 A の転置行列	75
A^{-1}	行列 A の逆行列	22
$|A|$	行列 A の行列式	37
$\displaystyle\prod_{j=1}^{n} a_j$	積 $a_1 a_2 \cdots a_n$	45
$L_k(x)$	$\displaystyle\prod_{\substack{j=1 \\ j \neq k}}^{n} \dfrac{x - x_j}{x_k - x_j}$	45
$f[x_0,\ x_1]$	第 1 階差商	49
$f[x_0,\ x_1,\ x_2]$	第 2 階差商	49
$f[x_0,\ x_1,\ \cdots,\ x_n]$	第 n 階差商	50
C^n 級の関数	n 回連続微分可能な関数	51
Δ	(前進) 差分演算子	55
Δ^2	2 階差分	56
Δ^n	n 階差分	56
${}_nC_j$	二項係数	58
$\dbinom{n}{j}$	一般二項係数	58
$T_n(x)$	n 次のチェビシェフ多項式	82
$\zeta_0, \zeta_1, \zeta_2, \cdots, \zeta_n$	$T_{n+1}(x)$ の零点	87
$P_n(x)$	n 次のルジャンドル多項式	90
$H_n(k)$	堀之内の積分公式の重み	104
$O(h^n)$	h^n 以上の高位無限小の記号 (ランダウの記号)	122
$\|\boldsymbol{x}\|$	ベクトル $\boldsymbol{x}$ の長さ	149

さくいん

＜英数字＞

1階差分 $\cdots\cdots\cdots\cdots\cdots\cdots\cdots$ 56
1次係数法 $\cdots\cdots\cdots\cdots\cdots\cdots$ 64
1次元熱伝導方程式 $\cdots\cdots\cdots$ 131
1次元波動方程式 $\cdots\cdots\cdots\cdots$ 131
2階差分 $\cdots\cdots\cdots\cdots\cdots\cdots\cdots$ 56
2階定数係数線形偏微分方程式 $\cdots$ 130
2階微分方程式 $\cdots\cdots\cdots\cdots\cdots$ 127
2次係数法 $\cdots\cdots\cdots\cdots\cdots\cdots$ 65
2次元ラプラスの偏微分方程式 $\cdots$ 131
2重指数関数型数値積分公式 $\cdots$ 111
2重積分 $\cdots\cdots\cdots\cdots\cdots\cdots\cdots$ 113
2分法 $\cdots\cdots\cdots\cdots\cdots\cdots\cdots\cdots$ 2
3階差分 $\cdots\cdots\cdots\cdots\cdots\cdots\cdots$ 56
C^n 級 $\cdots\cdots\cdots\cdots\cdots\cdots\cdots$ 51
DE 公式 $\cdots\cdots\cdots\cdots\cdots\cdots$ 111
h^n の精度をもつ近似式 $\cdots\cdots$ 122
LU 分解 $\cdots\cdots\cdots\cdots\cdots\cdots$ 31
n 階差分 $\cdots\cdots\cdots\cdots\cdots\cdots$ 56
n 元連立 1 次方程式 $\cdots\cdots\cdots$ 11

＜あ 行＞

上三角行列 $\cdots\cdots\cdots\cdots\cdots\cdots$ 12
上三角型連立 1 次方程式 $\cdots\cdots$ 12
オイラー法 $\cdots\cdots\cdots\cdots\cdots\cdots$ 120
オブライエン・ハイマン・カプランの公式 138
重み $\cdots\cdots\cdots\cdots\cdots\cdots\cdots\cdots$ 96

＜か 行＞

解曲線 $\cdots\cdots\cdots\cdots\cdots\cdots\cdots$ 122
ガウス・ジョルダン法 $\cdots\cdots\cdots$ 20
ガウスの消去法 $\cdots\cdots\cdots\cdots\cdots$ 18
ガウス・ルジャンドルの数値積分公式 $\cdots$ 101
拡大係数行列 $\cdots\cdots\cdots\cdots\cdots$ 12
重ね書きの方法 $\cdots\cdots\cdots\cdots\cdots$ 39
基本変形 $\cdots\cdots\cdots\cdots\cdots\cdots\cdots$ 18
逆行列 $\cdots\cdots\cdots\cdots\cdots\cdots\cdots$ 21

逆進代入 $\cdots\cdots\cdots\cdots\cdots\cdots\cdots$ 13
逆補間 $\cdots\cdots\cdots\cdots\cdots\cdots\cdots$ 47
境界条件 $\cdots\cdots\cdots\cdots\cdots\cdots$ 133
境界値問題 $\cdots\cdots\cdots\cdots\cdots$ 130
行列表示 $\cdots\cdots\cdots\cdots\cdots\cdots\cdots$ 12
曲線のあてはめ $\cdots\cdots\cdots\cdots\cdots$ 61
クランク・ニコルソンの公式 $\cdots$ 138
係数行列 $\cdots\cdots\cdots\cdots\cdots\cdots\cdots$ 11
格子点 $\cdots\cdots\cdots\cdots\cdots\cdots\cdots$ 132
後退差分 $\cdots\cdots\cdots\cdots\cdots\cdots$ 132
固有多項式 $\cdots\cdots\cdots\cdots\cdots$ 151
固有値 $\cdots\cdots\cdots\cdots\cdots\cdots\cdots$ 149
固有ベクトル $\cdots\cdots\cdots\cdots\cdots$ 149
固有方程式 $\cdots\cdots\cdots\cdots\cdots$ 151

＜さ 行＞

最小 2 乗法 $\cdots\cdots\cdots\cdots\cdots\cdots$ 70
最良近似多項式 $\cdots\cdots\cdots\cdots\cdots$ 85
差商の分点順序の変更 $\cdots\cdots\cdots$ 52
差商表 $\cdots\cdots\cdots\cdots\cdots\cdots\cdots$ 51
差分演算子 $\cdots\cdots\cdots\cdots\cdots\cdots$ 55
差分表 $\cdots\cdots\cdots\cdots\cdots\cdots\cdots$ 56
下三角型連立 1 次方程式 $\cdots\cdots$ 12
首座小行列 $\cdots\cdots\cdots\cdots\cdots\cdots$ 36
初期条件 $\cdots\cdots\cdots\cdots\cdots\cdots$ 133
シンプソンの公式 $\cdots\cdots\cdots\cdots$ 97
数値積分公式 $\cdots\cdots\cdots\cdots\cdots$ 96
スプライン関数 $\cdots\cdots\cdots\cdots\cdots$ 61
正規方程式 $\cdots\cdots\cdots\cdots\cdots\cdots$ 75
節点 $\cdots\cdots\cdots\cdots\cdots\cdots\cdots\cdots$ 61
前進差分 $\cdots\cdots\cdots\cdots\cdots\cdots$ 132
前進消去 $\cdots\cdots\cdots\cdots\cdots\cdots\cdots$ 18
双曲型 $\cdots\cdots\cdots\cdots\cdots\cdots\cdots$ 131

＜た 行＞

第 1 階差商 $\cdots\cdots\cdots\cdots\cdots\cdots$ 49
第 n 階差商 $\cdots\cdots\cdots\cdots\cdots\cdots$ 50
台形公式 $\cdots\cdots\cdots\cdots\cdots\cdots\cdots$ 95

さくいん ■ 181

対称行列 ……………………………160	偏微分方程式 …………………………130
楕円型 ………………………………131	ポアッソンの偏微分方程式 …………144
チェビシェフ多項式 …………………83	放物型 ………………………………131
チェビシェフ多項式の零点 …………87	補間多項式 ……………………………46
チェビシェフ補間 ……………………87	補間点 …………………………………46
チェビシェフ補間多項式 ……………88	補間法 …………………………………43
中間値の定理 …………………………2	堀之内の数値積分公式 ………………103
中心差分 ……………………………133	
直交行列 ……………………………160	
テイラー展開 ………………………120	

＜な 行＞

＜や 行＞

ヤコビ法 ……………………………160

ニュートンの差商公式 ………………50
ニュートン法 …………………………6
ニュートン法の漸化式 ………………7

＜ら 行＞

ラグランジュの方法 …………………44
ラグランジュの補間多項式 …………45
ラグランジュの補間法 ………………43
ラプラスの偏微分方程式 ……………144
ルジャンドル多項式 …………………90
ルンゲ・クッタ 2 次公式 …………124
ルンゲ・クッタ 4 次公式 …………125
連立微分方程式のルンゲ・クッタ 4 次公式 128

＜は 行＞

掃き出す ………………………………17
反復法 ………………………………154
べき乗法 ……………………………154
ベクトル x の長さ …………………149

著 者 略 歴

堀之内　總一（ほりのうち・そういち）
1937 年　台湾に生まれる
1959 年　鹿児島大学文理学部理学科数学専攻卒業
1959 年　宮崎・鹿児島県立高等学校教諭（富島高校・甲南高校）
1965 年　鹿児島工業高等専門学校講師
1982 年　鹿児島工業高等専門学校教授
2000 年　鹿児島工業高等専門学校名誉教授
2015 年　瑞寶小綬章 受章（春の叙勲）

酒井　幸吉（さかい・こうきち）
1936 年　富山県に生まれる
1959 年　京都大学理学部数学科卒業
1966 年　鹿児島大学教養部助教授
1976 年　鹿児島大学教授，理学博士（京都大学）
2002 年　鹿児島大学名誉教授

榎園　茂（えのきぞの・しげる）
1948 年　鹿児島県に生まれる
1973 年　熊本大学工学部電気工学科卒業
1975 年　熊本大学大学院工学研究科修士課程電気工学専攻修了
1975 年　鹿児島工業高等専門学校電気工学科助手
1994 年　鹿児島工業高等専門学校情報工学科教授
2012 年　鹿児島工業高等専門学校名誉教授

編集担当　千先治樹（森北出版）
編集責任　上村紗帆（森北出版）
組　　版　中央印刷
印　　刷　同
製　　本　ブックアート

Ｃによる
数値計算法入門（第 2 版）新装版
© 堀之内總一
・酒井幸吉・榎園　茂 *2015*

1993 年 3 月 8 日　　第 1 版第 1 刷発行	【本書の無断転載を禁ず】
2002 年 3 月 15 日　　第 1 版第 7 刷発行	
2002 年 12 月 25 日　　第 2 版第 1 刷発行	
2014 年 2 月 28 日　　第 2 版第 7 刷発行	
2015 年 11 月 20 日　　第 2 版新装版第 1 刷発行	
2021 年 2 月 22 日　　第 2 版新装版第 6 刷発行	

著　　者　堀之内總一・酒井幸吉・榎園　茂
発 行 者　森北博巳
発 行 所　森北出版株式会社
　　　　　東京都千代田区富士見 1-4-11（〒102-0071）
　　　　　電話 03-3265-8341／FAX 03-3264-8709
　　　　　https://www.morikita.co.jp/
　　　　　日本書籍出版協会・自然科学書協会　会員
　　　　　JCOPY ＜（一社）出版者著作権管理機構　委託出版物＞

落丁・乱丁本はお取替えいたします.

Printed in Japan／ISBN 978-4-627-09383-6

MEMO